ITパスポートを受験する人のための

よくわかる
擬似言語

 入門

ミューズの情報教室 著

JN016000

インプレス

本書の使い方

〔Chap.1〜3〕擬似言語やプログラムの基本と、擬似言語の読み方を学ぶ

ミューズ先生

① **タイトル**を見て ここで学ぶこと を押さえる

② **本文**を読んで 概要をざっくり つかむ

③ **先生と生徒の 会話**で率直な 疑問を解決する

④ **図解**を見てビジュアルで内容を理解する

⑤ **補足**を読んで知識を補完する

⑥ **まとめ**を見て理解した知識を定着させる

スードくん

〔Chap.4〜5〕
オリジナル問題と過去問題で
実践的な問題の解き方を学ぶ

① **問題**を読み、書かれている 内容を正確に把握する

② **ヒント**を見て、解く方針を 立て、実際に自分で一度、 解いてみる

③ **解説**を読み、プログラムの 動作を1つひとつ理解しな がら解き方を確認する

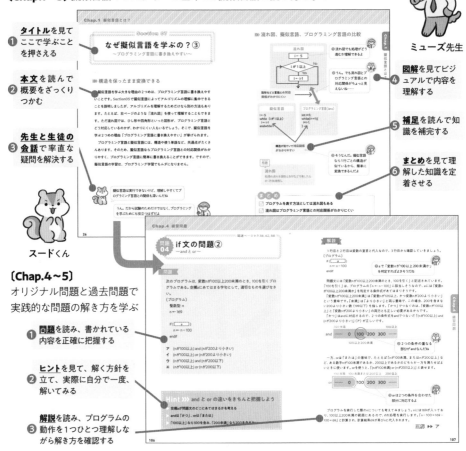

●インプレスの書籍ホームページ

書籍の新刊や正誤表など最新情報
を随時更新しております。

https://book.impress.co.jp/

はじめに

このたびは本書をお手に取りいただき、ありがとうございます！

「ITパスポート」は年間の受験者数が25万人を超える人気の資格試験です。問題はIT（情報技術）に関連する幅広い内容から出題されますが、令和4年度からは試験範囲に「擬似言語」を使った問題が追加されました。

擬似言語は「プログラミング」と密接な関わりがあります。そのため、初心者にはとっつきにくく、「答えが合わない！」「勉強の仕方がわからない！」といった悩みを抱えている人も多いでしょう。そこで本書は、次のような人に、擬似言語の基本を理解していただけるように、内容を練り上げました。

● 擬似言語を使った問題がなかなか解けない人
● プログラミングの知識がない人
● ほかの書籍で勉強しようとして挫折してしまった人

また、ITパスポートより1つ上のレベルの「基本情報技術者」の試験にも擬似言語の問題が出題されます。そのため、ITパスポートを受ける人はもちろん、基本情報技術者を目指す人にも知っておいてほしい内容を盛り込んでいます。

そもそも擬似言語に特化した対策書は少なく、あったとしても、何となく読みにくいものが多い印象です。そこで、本書ではなるべく専門用語などを使わず、初心者が無理なく読み進められるよう、次のような工夫をしています。

● 身近な例に置き換えて解説することで理解しやすい！
● 豊富な図とイラストで直感的にイメージをつかめる！
● キャラクター同士の会話で、初心者の「なぜ？」を解決する！

また、問題の解説にも十分なページを割き、初めて解く人でも理解しやすいよう、ていねいに解説することを心掛けました。本書が試験合格の一助になれば幸いです。合格を目指し、頑張ってください！

ミューズの情報教室 主宰

CONTENTS
目次

Chap. 1 擬似言語とは？

Chap. 2 擬似言語で使われる用語

Chap. 3 擬似言語の文法

Chap.
4 　練習問題

Chap. 5　ＩＴパスポートの問題

IT パスポートの試験の概要

ITパスポートは、IT（情報技術）を利活用するすべての社会人や、これから社会人となる学生が備えておくべき、ITに関する基礎的な知識を備えていることを証明できる国家試験です。具体的には、主に次のような幅広い分野にわたる知識が総合的に問われる試験です。
- ○ AI、ビッグデータ、IoT などの新しい技術、アジャイルなどの新しい手法に関する知識
- ○ 経営戦略、マーケティング、財務、法務などの経営全般の知識
- ○ セキュリティやネットワーク、プロジェクトマネジメントなどに関する知識

下記の出題分野の「テクノロジ系」の「基礎理論」の「アルゴリズムとプログラミング」において、アルゴリズムとデータ構造の基本的な考え方、プログラミングの役割やプログラム言語の種類などとともに、擬似言語の読み方が問われます。

〔試験内容〕

受験資格	誰でも受験できる	試験時間	120分
出題数	100問	出題形式	四肢択一式
出題分野	○ストラテジ系（経営全般）：35問程度 企業と法務（企業活動、法務）／経営戦略（経営戦略マネジメント、技術戦略マネジメント、ビジネスインダストリ）／システム戦略（システム戦略、システム企画） ○マネジメント系（IT管理）：20問程度 開発技術（システム開発技術、ソフトウェア開発管理技術）／プロジェクトマネジメント／サービスマネジメント（サービスマネジメント、システム監査） ○テクノロジ系（IT技術）：45問程度 基礎理論（基礎理論、アルゴリズムとプログラミング）／コンピュータシステム（コンピュータ構成要素、システム構成要素、ソフトウェア、ハードウェア）／技術要素（情報デザイン、情報メディア、データベース、ネットワーク、セキュリティ）		
合格基準	次の総合評価点と分野別評価点の両方を満たすこと ○総合評価点：600点以上／1,000点満点 ○分野別評価点：それぞれ300点以上 　・ストラテジ系300点／1,000点満点　　・マネジメント系300点／1,000点満点 　・テクノロジ系300点／1,000点満点		
試験方式	CBT（Computer Based Testing）方式 受験者は受験会場に行き、コンピュータに表示された試験問題にマウスやキーボードを用いて解答する		
実施団体	IPA（独立行政法人 情報処理推進機構） 〒113-8663 東京都文京区本駒込2-28-8 文京グリーンコートセンターオフィス13階 TEL 03-5978-7600（代表）https://www.ipa.go.jp/shiken/		

※出題数100問のうち、総合評価は92問で行い、残りの8問は今後出題する問題を評価するために使われる。分野別評価の問題数は、ストラテジ系32問、マネジメント系18問、テクノロジ系42問
※身体の不自由などによりCBT方式で受験できない場合、春期（4月）と秋期（10月）の年2回、ペーパー方式で受験できる

擬似言語の記述形式（ITパスポート試験用）

　アルゴリズムを表現するための擬似的なプログラム言語（擬似言語）を使用した問題では，各問題文中に注記がない限り，次の記述形式が適用されているものとする。

〔擬似言語の記述形式〕

記述形式	説明
○**手続名又は関数名**	手続又は関数を宣言する。
型名: **変数名**	変数を宣言する。
/* **注釈** */	注釈を記述する。
// **注釈**	
変数名 ← **式**	変数に**式**の値を代入する。
手続名又は関数名 (**引数**, …)	手続又は関数を呼び出し，**引数**を受け渡す。

if (**条件式1**)
　処理1
elseif (**条件式2**)
　処理2
elseif (**条件式n**)
　処理n
else
　処理n + 1
endif
	選択処理を示す。
	　条件式を上から評価し，最初に真になった**条件式**に対応する**処理**を実行する。以降の**条件式**は評価せず，対応する**処理**も実行しない。どの**条件式**も真にならないときは，**処理n + 1**を実行する。
	　各**処理**は，0以上の文の集まりである。
	　elseifと**処理**の組みは，複数記述することがあり，省略することもある。
	　elseと**処理n + 1**の組みは一つだけ記述し，省略することもある。

while (**条件式**)
　処理
endwhile
	前判定繰返し処理を示す。
	　条件式が真の間，**処理**を繰返し実行する。
	　処理は，0以上の文の集まりである。

do 　**処理** while (**条件式**)	後判定繰返し処理を示す。 　**処理**を実行し，**条件式**が真の間，**処理**を繰返し実行する。 　処理は，0以上の文の集まりである。

for (**制御記述**)
　処理
endfor
	繰返し処理を示す。
	　制御記述の内容に基づいて，**処理**を繰返し実行する。
	　処理は，0以上の文の集まりである。

〔演算子と優先順位〕

演算子の種類		演算子	優先度
式		()	高
単項演算子		not ＋ －	
二項演算子	乗除	mod × ÷	
	加減	＋ －	
	関係	≠ ≦ ≧ ＜ ＝ ＞	
	論理積	and	
	論理和	or	低

注記　演算子 mod は，剰余算を表す。

〔論理型の定数〕
　　true, false

〔配列〕
　　一次元配列において "{" は配列の内容のまとまりを，"}" は配列の内容の終わりを表し，配列の要素は，"[" と "]" の間にアクセス対象要素の要素番号を指定することでアクセスする。
　　例　要素番号が 1 から始まる配列 exampleArray の要素が{11, 12, 13, 14, 15}のとき，要素番号4の要素の値 (14) はexampleArray[4]でアクセスできる。

　　二次元配列において，内側の "{" と "}" に囲まれた部分は，1 行分の内容を表し，要素番号は，行番号，列番号の順に "," で区切って指定する。
　　例　要素番号が 1 から始まる二次元配列 exampleArray の要素が{{11, 12, 13, 14, 15}, {21, 22, 23, 24, 25}}のとき，2行目 5 列目の要素の値 (25) は，exampleArray[2, 5]でアクセスできる。

擬似言語とは？

Chap.1では、「擬似言語がどんなものなのか」について学習
します。まずは「擬似言語」や「プログラミング言語」など
の言葉の意味を理解し、それぞれの似ている部分と異なる部
分を把握しましょう。そのうえで、プログラムの書き方や読
み方の全体像をつかんでいきます。

Section 00

この章で学ぶこと
～なぜ擬似言語を勉強するのか～

▶▶ 擬似言語とは何か、どんなメリットがあるか知ろう

Chap.1では、そもそも擬似言語とは何なのか、なぜ擬似言語を勉強しなければならないのか、といったお話をします。いきなり「試験に出るから擬似言語を勉強しよう！」と言われてもやる気が出ないでしょう。そこで、まず「擬似言語とは何なのか」「どんなことに役立つのか」ということを理解してもらいます。それを知れば、勉強のモチベーションにもつながるでしょう。

Section01：そもそも擬似言語とは何なのかの概要
Section02：「プログラム」や「プログラミング言語」などの言葉の意味
Section03〜04：プログラミング言語と擬似言語の似ている部分と異なる部分
Section05〜07：擬似言語を学ぶ理由やメリット
Section08：プログラムの命令や処理の書き方
Section09：プログラムの処理の流れを表す流れ図の見方

「ぎじげんご」とか「ぷろぐらみんぐ」とか、「どんなものか」から学習していくんだね

そうだね。まずは基本的なところから理解していこう

Section01

擬似言語っていったい何なの？
→まずどんなものか概要をつかもう

```
i←5
while（iが1以上）
 i←i-1
endwhile
```

プログラミング言語を
簡易化したもの

Section02

まず言葉が
わからない……

→ぷろぐらむ？
→ぷろぐらみんぐ？
→プログラミングげんご？

Section03 ～ 04

プログラミング
言語 ⟷ 擬似言語

→何が違うの？
→日本語が命令に使える・使えない
→処理を実行できる・できない

Section05 ～ 07

擬似言語を覚えるといいことがある！

処理の流れを
理解しやすい！

アルゴリズム
の理解に集中
できる！

プログラミング
言語に書き換え
やすい！

Section08

プログラムって
どうなっている？

→どんな構造をしているの？
→どうやって書くの？

Section09

流れ図というものも
使われる

→図形や線で流れを表したもの
→ひと目で処理を理解しやすい

"ギジゲンゴ"って何？

～プログラミング言語の簡単バージョン～

それじゃ、これから「擬似言語」について解説していくよ

「ギジゲンゴ」？ それって何？ 難しそうな言葉だけど……

そんなことはないよ。擬似言語は「擬似」という言葉のとおり、プログラミング言語っぽい言語のことなんだ

▶▶ プログラミング言語を簡略化したもの

　擬似言語とはズバリ、「プログラミング言語の簡単バージョン」のことです。最近はプログラミング学習が盛んですが、プログラミングは初心者にとって理解しにくいところがあります。プログラムはすべて英語で書かれているので、英語が苦手な人は、見るのも嫌になるかもしれません。

　そこで登場するのが擬似言語です。「本物のプログラミング言語ではないけれど、わかりやすくて読みやすい！」というものです。擬似言語は、プログラミング言語っぽくなるよう、見た目や構造などを似せてつくられていますが、異なる部分もあります。たとえば右ページのように、擬似言語には日本語も含まれ、少しやさしくされています。このように、擬似言語はプログラミング言語を簡易化したもので、プログラミング言語より学習しやすいのが特徴です。

▶▶ プログラミング言語と擬似言語を比べてみよう

プログラミング言語（Java）

```java
import java.util.ArrayList;
import java.util.List;

public class App {
  public static void main(String[] args)
  {
    List<Integer> list;
    list = new ArrayList<>();
    for (int i=1; i<=5; i++){
      list.add(i);
    }
  }
}
```

すべて英語で書かれ、複雑
な構造をもつ

擬似言語

```
整数型の配列：list
list ← {}
for （iを1から5まで1ずつ増やす）
   list の末尾に i の値を追加する
endfor
```

プログラミング言語を簡易
化したもの

❶ 左はJavaというプログラミン
グ言語、右は擬似言語を使っ
て、同じ処理を表したものだよ

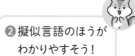

❷ 擬似言語のほうが
わかりやすそう！

用語

Java　　アプリやWebサービスの開発などに使
われるプログラミング言語の一種。

まとめ

- ☑ 擬似言語はプログラミング言語の簡単バージョン
- ☑ 擬似言語は、初心者が学習しやすいように難易度を下げたもの
- ☑ 擬似言語は英語と日本語の両方を使う

"プログラム"って何？

～コンピュータに命令を与えるもの～

▶▶ プログラムはコンピュータへの命令を書いたもの

前節では「プログラム」や「プログラミング言語」といった言葉が出てきましたが、そもそもプログラムとは何なのでしょうか。

プログラムとは、コンピュータに伝える命令が書かれた手順書のことです。そもそもコンピュータは、命令を伝えなければ動くことができません。コンピュータに「1＋1は何？」「音を鳴らして！」といった命令を伝えて初めて動いてくれます。プログラムは、そういった命令を「はじめにAをする、次にBをする、……」のように書き連ねたものなのです。

しかし、コンピュータは日本語の命令を理解できず、専用の言葉で伝える必要があります。そのための、プログラムを書くうえでの専用の言葉を「プログラミング言語」と呼びます。プログラミング言語は世の中にたくさん存在しており、同じ命令でも言語によって書き方が異なります。

プログラムはコンピュータに伝える命令の手順書、プログラミング言語はその命令を書くための言葉のことだよ

まだよくわからないな。具体的にはどんなものなの？

料理のレシピをイメージしてみよう！

▶▶▶ 料理のレシピもプログラムの一種

プログラム
→レシピ全体

プログラミング言語
→レシピを書く言葉

など

❶ プログラムは料理のレシピみたいなものだよ。はじめに野菜を切り、次にそれを炒め、最後に盛り付ける、といった手順を並べたものだからね

❷ なるほど！ そのレシピを日本語で書くか、英語で書くかの違いが、擬似言語とプログラミング言語の違いなんだね

Point

プログラム言語

ITパスポート試験などでは、プログラミング言語のことを「プログラム言語」と呼びます。本書では「プログラミング言語」に統一して記載しています。

まとめ

- ☑ プログラムは命令が書き連ねられた手順書
- ☑ コンピュータは命令がないと動かない
- ☑ プログラムはプログラミング言語を使って書く

プログラミング言語と何が違うの？①
～プログラムの命令の表記に日本語が使える～

擬似言語とプログラミング言語がそれぞれ
どういうものか、わかったかな？

うん。でも具体的に何が違うのか、
よくわからない……

大きな違いの1つは日本語で
命令を表記できることだよ！

▶▶ 日本語で命令を表記してわかりやすくしたもの

　擬似言語は、プログラミング言語をもとにつくられた言語です。それでは、擬似言語とプログラミング言語は何が違うのでしょうか。

　まず、擬似言語ではプログラムの命令の表記に日本語が使える点が異なります。プログラミング言語は英語をもとにつくられたコンピュータ専用の言葉で、日本語で命令を書くことができません。一方、擬似言語はコンピュータに命令を伝えるためではなく、私たちがプログラムの内容を理解するための言葉なので、コンピュータが命令を理解する必要はありません。そのため、日本語で命令を書いてOKなのです。

　たとえば、右ページの処理で、プログラミング言語では記号を使って命令を書かなければならないのですが、擬似言語では日本語を使って命令を書くことで、何が命令されているかを理解しやすくしています。

▶▶ プログラミング言語と擬似言語の言葉の違い

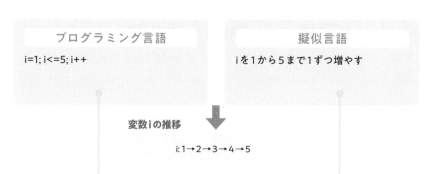

プログラミング言語	擬似言語
i=1; i<=5; i++	iを1から5まで1ずつ増やす

変数iの推移

i: 1→2→3→4→5

❶ どちらも「i」という「変数」の数を、1, 2, 3, 4, 5と1ずつ増やしていく処理だよ

❷ 同じ処理だけど、日本語のほうが理解しやすいね！

用語

変数

プログラムにおいて、任意の数字や文字を入れておくための箱のようなもの（P.42参照）。

 ま と め

☑ 擬似言語は日本語が使える

☑ プログラミング言語はコンピュータ専用の言葉で日本語が使えない

☑ 日本語を使うと、プログラムが理解しやすくなる

Section 04

プログラミング言語と何が違うの？②

～擬似言語で書かれたプログラムは実行できない～

▶▶ 擬似言語ではコンピュータに命令できない

擬似言語がプログラミング言語と異なる点の2つめは、プログラムをコンピュータで実行できないことです。「プログラムの実行」とは、コンピュータに実際に命令どおりに動いてもらうことを意味します。

プログラミング言語で書かれたプログラムは、コンピュータに命令を与えるための専用の言葉で書かれたものなので、実行が可能です。一方、擬似言語はコンピュータに命令を与えるためではなく、プログラムの内容や構造を理解しやすくしたものなので、そのままではコンピュータに命令を与えられません。擬似言語で書かれたプログラムをコンピュータで実行させるためには、何かしらのプログラミング言語で書き換える必要があります。

擬似言語で書かれたプログラムは、
そのままでは実行できないんだね？

うん。プログラムを実行するためにはプログラミング
言語に変換しなければならないよ

じゃあ、どうして擬似言語を学ぶの？

それについては次節でそのメリットを紹介しよう

▶▶ プログラムを実行しようとするとどうなる？

プログラミング言語（Python）

print(1+1)

プログラミング言語なら
結果が正しく表示される

擬似言語

1+1の結果を表示する

擬似言語で実行しようとして
も**エラー**が出てしまう

❶ 擬似言語ではプログラムを
正しく書いても、実行できな
いんだ

❷ コンピュータは人間の言葉
を理解できないんだね

Point

エラーが出る

プログラムを実行できなかったとき、コン
ピュータはエラーを表示します。

用語

Python

機械学習やWebアプリの開発などに使わ
れるプログラミング言語の一種。

まとめ

☑ コンピュータを命令どおりに動かすことが「プログラムの実行」

☑ 擬似言語で書かれたプログラムは実行できない

☑ 擬似言語のプログラムはプログラミング言語で書き換えれば実行可能

Section 05

なぜ擬似言語を学ぶの？①

～処理の流れを理解しやすい～

⋙ 複雑な処理が理解しやすくなる

擬似言語ではコンピュータに命令を伝えることができず、プログラムを実行するためにはプログラミング言語に書き換える必要があります。それでは、なぜプログラミング言語ではなく、擬似言語を学ぶ必要があるのでしょうか。

その理由は大きく2つあります。1つはアルゴリズムの理解に集中できること、もう1つはプログラミング言語に書き換えやすいことです。

次節で詳しく触れますが、アルゴリズムとは「プログラムの処理の流れ」のことです。プログラミング言語は記述するルール（文法）に忠実なため、何の処理をしているか、プログラムを見てもわかりづらいことがあります。しかし擬似言語なら、複雑な処理を日本語でまとめて書けるので、「どんな処理が行われているか？」を理解することに集中できるのです。

「複雑な処理をまとめて書く」ってどういうこと？

プログラミング言語では、命令を1つひとつ厳密に書かなくてはならないんだ。でも擬似言語なら、「何の処理をしているか」がわかるように、まとめてすっきり書けるよ

▶▶ 擬似言語なら複雑な処理もすっきり書ける

プログラミング言語（Java）

```
for(int i=0; i<5; i++){
 for(int j=0; j<5; j++){
  array[i][j]=0;
 }
}
```

複雑な処理を**1つひとつ厳
密に**書かなくてはならない

擬似言語

配列 array の要素をすべて 0 にする

複雑な処理を**日本語でまと
めて**書ける

❶ プログラミング言語と擬似
言語でどちらも同じ処理をし
ているんだよ

❷ プログラミング言語では5
行も使っているけど、擬似言
語では1行で書けるんだ！

用語

配列
数字や文字を入れておくための箱が複数連
なって格納できるもの（P.44～47参照）。

- [✓] 擬似言語はアルゴリズムの理解に集中しやすい
- [✓] 擬似言語はプログラミング言語に書き換えやすい
- [✓] 厳密に書くと複雑になる処理を、擬似言語では簡単に書ける

なぜ擬似言語を学ぶの？②
〜アルゴリズムの意味〜

▶▶ アルゴリズムとは結果を得るための手段や方法

アルゴリズムとはプログラムの「処理の流れ」のことですが、もう少し詳しく説明します。たとえば、東京から大阪への移動を考えてみましょう。Aさんは「飛行機で行こう」と言い、Bさんは「新幹線で行こう」と言ったとします。どちらの方法でも大阪に着きますが、交通手段はさまざまに考えられます。このような「手段」や「方法」のことをアルゴリズムといいます。

プログラミングでも、たとえばゲームアプリなどをつくるとき、内部で「どの順番で」「何の処理を」「どう行うのか」は、つくる人によって考えが異なります。その処理の順序や流れ、手段のことをアルゴリズムと呼びます。そして、実際にコンピュータが理解できる言葉でアルゴリズムを書き起こしたものがプログラムなのです。擬似言語でもこれは同じです。

アルゴリズムはどう処理するかという「考え」で、その考えを「書き起こしたもの」がプログラムなんだね

そういうこと！ アルゴリズムはほかに「計算式」ともいえるよ。たとえば、YouTubeでおすすめされる動画は、内部のアルゴリズム（計算式）を使い、利用者の視聴履歴などから計算して選び出されていると考えられるね

▶▶ 東京から大阪へ移動する手段はたくさん存在する

それぞれの手段自体が
アルゴリズム

❶ 交通手段がいくつも考えられるように、アルゴリズムも1つとは限らない。そのなかで最もよいと思うものを選ぶんだよ

❷ 目的地、つまり得られる結果は同じでも、その手段はたくさん存在するんだね！

 まとめ

- ☑ 処理の手段や方法のことを「アルゴリズム」という
- ☑ アルゴリズムは1つとは限らず、いろいろなパターンがある
- ☑ アルゴリズムをコンピュータへの命令に書き起こしたものが「プログラム」

Section 07

なぜ擬似言語を学ぶの？③
～プログラミング言語に書き換えやすい～

▶▶ 構造を保ったまま変換できる

　擬似言語を学ぶ大きな理由の2つめは、プログラミング言語に書き換えやすいことです。Section05で擬似言語によってアルゴリズムの理解に集中できることを説明しましたが、アルゴリズムを理解するためだけなら別の方法もあります。たとえば、右ページのような「流れ図」を使って理解することもできます。ただ流れ図では、ひし形や四角形といった図形が、プログラミング言語とどう対応しているのかが、わかりにくい人もいるでしょう。そこで、擬似言語を学ぶ2つめの理由「プログラミング言語に書き換えやすい」が挙げられます。

　プログラミング言語と擬似言語には、構造や使う単語など、共通点がたくさんあります。そのため、擬似言語ならプログラミング言語との対応関係がわかりやすく、プログラミング言語に簡単に書き換えることができます。ですので、擬似言語の学習は、プログラミング学習でもムダになりません。

擬似言語は実行できないけど、理解しやすくてプログラミング言語との関係も深いんだね

うん。だから試験のためだけではなく、プログラミングを学ぶためにも役立つはずだよ

流れ図、擬似言語、プログラミング言語の比較

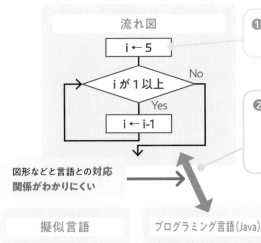

流れ図

i ← 5

i が 1 以上　No

Yes

i ← i-1

❶ 流れ図でも処理がどう進むか理解できるよ

❷ うん。でも流れ図とプログラミング言語との対応関係がちょっと見えないね……

図形などと言語との対応関係がわかりにくい

擬似言語

```
i ← 5
while（i が 1 以上）
 i ← i-1
endwhile
```

プログラミング言語（Java）

```
int i=5;
while(i>=1){
 i=i-1;
}
```

構造が似ていて対応関係がわかりやすい

❸ そうなんだ。擬似言語なら1行ごとの構造が似ているから、簡単に変換できるんだよ

用語

流れ図

処理の流れを図形と矢印などで表したもの（P.30参照）。

まとめ

☑ プログラムを表す方法としては流れ図もある

☑ 流れ図はプログラミング言語との対応関係がわかりにくい

☑ 擬似言語とプログラミング言語は構造が似ていて書き換えやすい

Section 08

命令はどうやって書くの？

〜基本となる3つの構造〜

▶▶ すべてのプログラムは3つの構造の組合せ

これまでの節では、「擬似言語がどんなものか」を説明してきました。ここからは、プログラムの中身について見ていきましょう。

プログラムは、コンピュータに伝える命令を1つひとつ書き連ねたものです。それでは、命令はどんな順番で書けばよいのでしょうか。

プログラムの命令は、基本的に上から順番に実行されます。この構造を「順次構造」といいます。ただし、条件によって実行する命令を変えたいときもあります。このような命令が枝分かれする構造を「選択構造」といいます。また、同じ命令を何度か繰り返したいときもあるでしょう。そうしたループする構造を「繰返し構造」といいます。どんなに複雑なプログラムも、ここで紹介した「順次」「選択」「繰返し」の3つの構造を組み合わせてできているのです。

命令は上から順番に実行するけど、たまに命令が分岐したり、同じ命令を何度も繰り返したりするんだ

命令が分岐したり繰り返したり……。何かうまくイメージできないな

それぞれの構造が具体的にどうなっているのか、このあと順番に説明していこう！

▶▶ 3つの構造を身近な例で表現してみる

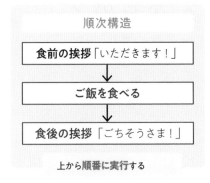

順次構造

食前の挨拶「いただきます！」
↓
ご飯を食べる
↓
食後の挨拶「ごちそうさま！」

上から順番に実行する

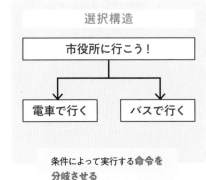

選択構造

市役所に行こう！

電車で行く　　バスで行く

条件によって実行する命令を
分岐させる

繰返し構造

腕立て伏せをする　20回

同じ命令を何度か繰り返し
て実行する

❶ 「順次」「選択」「繰返し」
　の3つがプログラムの
　構造の基本だよ

❷ 具体的な例にしてみる
　と少しイメージしやすく
　なったね

構造化定理

1つの入口と1つの出口をもつプログラムは、「順次」「選択」「繰返し」の3つの構造を組み合わせて書くことができるという定理。

まとめ

☑ 順次構造は、上から1つひとつ順番に実行すること

☑ 選択構造は、条件によって実行する命令を分岐させること

☑ 繰返し構造は、同じ命令を何度か繰り返して実行すること

Section 09

流れ図ってどんなもの？

～図形や線などで表した処理の流れ～

▶▶ プログラムの処理の流れがパッと見てわかる

　P.29で「順次」「選択」「繰返し」の3つの構造のイメージを紹介しました。それらは単なるイメージですが、もっと細かいルールが定まっている図として「流れ図（フローチャート）」があります。流れ図は、擬似言語やプログラミング言語と同じく、アルゴリズム（何の処理がどの順番で実行されるか）を具体的に表したものです。

　流れ図は、1つひとつの処理を図形で表現し、それを線などでつなぐことで、何の処理がどの順番で実行されるかを表現したものです。流れ図を使うと、処理の流れをパッと見ただけで理解できます。たとえば、選択の処理では線が複数に分かれ、繰返しの処理では線がループして輪の形になります。

流れ図は処理の流れがわかりやすく感じるね

流れ図は実際にプログラムを書き始める前、処理の流れを確認したいときなどに使うんだよ

▶▶ 流れ図の具体例

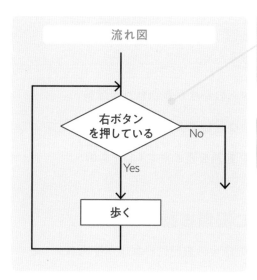

❶ 流れ図はこんな感じの ものだよ。処理の中身 はまだわからなくても 大丈夫

❷ 四角形などの図形を線 でつないで処理の流れ を表しているんだね

✏️試験に出る

流れ図

擬似言語を学ぶうえで、流れ図は知らなく てもかまいません。ただし、ITパスポート 試験には流れ図も出題されるので、ここで 学習しておきましょう。

- ☑ 流れ図（フローチャート）でもプログラムを表現できる
- ☑ 流れ図は図形や線などで処理の流れを表す
- ☑ 試験には流れ図を使った問題も出題される

▶Chap.1 のまとめ

擬似言語とプログラム

- ☑ プログラムはコンピュータへの命令が書かれた手順書
- ☑ プログラムはプログラミング言語によって書かれる
- ☑ 擬似言語はプログラミング言語を読みやすくしたもの

プログラミング言語と擬似言語の相違点

- ☑ 擬似言語ではプログラムの命令の表記に日本語が使える
- ☑ プログラミング言語で書かれたプログラムは処理を実行できる

擬似言語を学ぶ理由

- ☑ 擬似言語はアルゴリズムの理解に集中できる
- ☑ 擬似言語はプログラミング言語に似ていて、書き換えやすい

対応関係がわかりやすい

プログラミング言語（Java）
```
int i=5;
while (i>=1){
    i=i-1;
}
```

擬似言語
```
i ← 5
while (i が 1 以上 )
    i ← i-1
endwhile
```

コンピュータ上で実行できる

日本語で命令を表記でき、
理解しやすい

擬似言語で
使われる用語

Chap.2では、擬似言語で頻繁に使われる用語について学習
します。それぞれの用語の意味が理解できていれば、プログ
ラムの処理や流れなどもわかるようになります。まずはプロ
グラムの基本となる3つの構造を押さえ、その後、変数や配列、
関数といった概念を理解していきましょう。

===== Section 00 =====

この章で学ぶこと

〜擬似言語を学ぶ前に〜

▶▶ プログラムを読むうえで必須となる用語の知識

　Chap.2では、擬似言語で使われる用語について解説します。擬似言語の書き方を説明されても、用語の意味がわからないと、内容を理解できません。擬似言語を学ぶうえで登場することの多い用語なので、きちんと理解しておきましょう。言葉のイメージをつかむだけでもかまいません。

　特に、情報を保管する箱の「変数」、変数を発展させた「配列」、複数の処理をまとめて実行する「関数」は、プログラミングにおいて非常に重要な概念です。Chap.3以降に読み進んだときに、わからなくなったらここに戻って学習しましょう。

Section01〜03：「順次」「選択」「繰返し」の3つの構造のおさらい

Section04：数字や文字を保管しておく箱のイメージの「変数」を理解する

Section05〜06：変数の箱をたくさん並べたイメージの「配列」を理解する

Section07〜08：複数の処理をまとめて実行する「関数」を理解する

いきなり知らない用語がたくさん出てきたね……

これから1つひとつ意味を勉強していくから大丈夫だよ

Section01 ~ 03

まずは基本の３構造を復習しよう！

順次構造

お金を入れる → ボタンを押す → 商品を取り出す

選択構造

気に入ったバッグがある　No
Yes → バッグを買う　バッグを買わない

繰返し構造

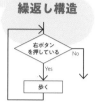

右ボタンを押している　No
Yes → 歩く

Section04

「変数」を理解しよう！
→数字や文字を保管しておく箱

高橋

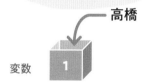

変数　1

Section05 ~ 06

「配列」を理解しよう！
→変数を横や縦に並べたもの

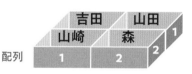

配列　吉田　山田　山崎　森　1　2

Section07 ~ 08

「関数」を理解しよう！
→複数の処理をまとめて実行する機能

引数　　　　関数　　　　戻り値

Section 01

順次構造

～上から順番に実行される構造～

まずはプログラムの基本となる「順次」「選択」「繰返し」の3つの構造を復習しよう

その3つがあれば、どんなプログラムでも書けるんだよね

そのとおり！まずは順次構造を見ていこう

▶▶ 処理が順番に実行される

「順次構造」は「上から順番に1つずつ処理を実行する」構造を表しています。実行したい処理を上から順番に書き連ねていくと、順次構造を表現できます。「順次」とは1つひとつ順番に実行するという意味です。たとえば、自動販売機で商品を買うとき、「お金を入れる」→「ボタンを押す」→「商品を取り出す」という順番で動作しますが、これが順次構造です。

逆に、「順次」ではない例も紹介しておきましょう。たとえば、2つの処理を同時に実行することは、「1つずつ実行」しているわけではないので順次構造ではありません。ほかに、プログラムにエラーが出て中断した場合も、「順番に実行する処理が止められた」ことになり、順次構造とはいえません。つまり順次構造は、「1つめの処理が終わったら2つめの処理を実行する」というように、順番に処理が実行される構造なのです。

▶▶ 順次構造のイメージ

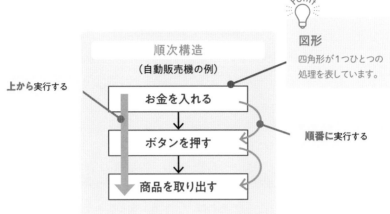

図形
四角形が1つひとつの
処理を表しています。

順次構造
（自動販売機の例）

上から実行する

お金を入れる

ボタンを押す

順番に実行する

商品を取り出す

❶ 基本的な構造はこんな感じかな？ 単純に上から処理が実行されるということだね

❷ そうだね。複雑なプログラムでも、落ち着いて上の処理から順番に解釈していけば理解できるはずだよ

まとめ

☑ 順次構造は、上から順番に1つずつ処理を実行する構造

☐ 1つめの処理が終われば、2つめの処理が実行される

☐ 処理を同時に実行したり、中断したりすることがない

選択構造

～条件に応じて処理を選択する構造～

▶▶ 処理を分岐させる

　続いて解説する「選択構造」は、2つの処理のなかから条件に合うものを選択して実行します。「もし○○であれば□□する」などのように、条件に応じて処理を分岐させる構造です。

　たとえば、「もし気に入ったバッグがあれば買おう」や、「もし晴れであれば外出、雨であれば読書をしよう」などといった例が考えられます。1つめの例では、バッグを買うかもしれませんし、買わないかもしれません。つまり、「買う」という処理を実行する流れと、実行しない流れがあるのです。これは、前節で説明した順次構造では表現できません。このように、分岐された2つの処理から1つを選択する構造なので、「選択」構造と呼ばれています。

選択構造は2つの処理から1つを選ぶんだね。でも選択構造ってそんなに重要なの？

日常でも「今日はどの服を着ていこうか」とか、「ご飯は和食と洋食のどちらにしようか」とか、選択が必要な場面ってたくさんあるよね。プログラムにもなくてはならないものなんだ

▶▶ 選択構造のイメージ

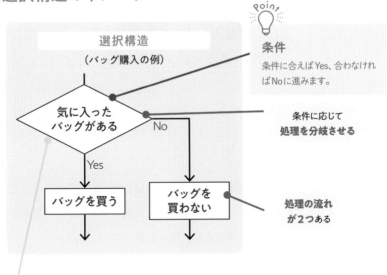

Point

条件
条件に合えばYes、合わなければNoに進みます。

選択構造
（バッグ購入の例）

気に入った
バッグがある

No

Yes

条件に応じて
処理を分岐させる

バッグを買う

バッグを
買わない

処理の流れ
が2つある

❶「もし〜」の内容に
よって進む道が変わる
んだね

❷そうだよ。選択構造はプロ
グラムでたくさん登場する
から覚えておいてね

まとめ

☑ 選択構造は、2つの処理から1つを選択して実行する

☑ 日常の「もし○○であれば□□する」を表すときに使う

☑ 条件に合えばYes、合わなければNoに進む

繰返し構造

〜同じ処理を繰り返す構造〜

▶▶ 処理を繰り返す条件が必要

「繰返し構造」は、同じ処理を何度か繰り返して実行する構造です。たとえば、アクションゲームで「右ボタンを押している間、キャラクターが歩き続ける」といった動作をさせたい場合などに使います。

ただし、繰り返す処理だけでは、同じ処理を永遠に実行し続ける「無限ループ」になってしまいます。したがって、繰返し構造には必ず「処理を続けるための条件（繰返し条件）」か、「処理を終えるための条件（終了条件）」を設定しなければなりません。たとえば上の例なら、「右ボタンを押している間」が「歩く」という処理を続けるための条件です。あるいは、右ボタンを離したら歩くことをやめると考えると、「右ボタンを離す」が「歩く」という処理を終えるための条件になります。

無限ループって実際のプログラムでも起こるの？

うん。無限ループが起こると、プログラムが止まらなくなり、コンピュータに無駄な負荷がかかるし、操作もできなくなってしまう。無限ループになったら、プログラムを強制的に終了するしかないよ

▶▶ 繰返し構造のイメージ

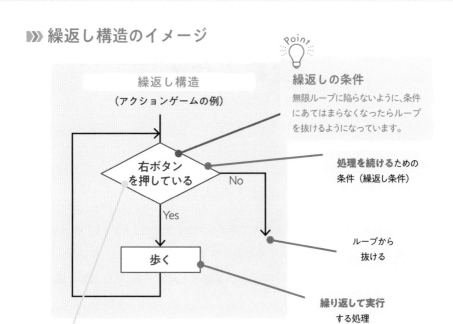

繰返し構造
（アクションゲームの例）

右ボタン
を押している

No

Yes

歩く

繰返しの条件

無限ループに陥らないように、条件
にあてはまらなくなったらループ
を抜けるようになっています。

**処理を続けるための
条件（繰返し条件）**

ループから
抜ける

繰り返して実行
する処理

❶ 処理が終わったら、
最初に戻って同じ処
理を繰り返して実行
するんだね

❷ そのとおり。だから、
ループから抜けるため
の条件も設定する必要
があるんだ

☑ 繰返し構造は、同じ処理を何度か繰り返して実行する構造

☑ 処理が終わると最初に戻り、同じ処理を何度も繰り返す

☑ 無限ループに陥らないように、終了する条件を設定する必要がある

Section 04

変数と代入

〜数字や文字を入れる箱〜

▶▶ 数字を保管する箱に数字を入れる

「(2＋3)×4」という計算を考えてみましょう。まず「2＋3＝5」を計算し、その結果を覚え、「5×4＝20」を計算します。ここで、「2＋3」の結果を覚えたように、計算をするうえで一時的に計算結果を記憶することが必要な場合があります。その際、プログラミングでは「変数」というものを利用します。

変数は数字を入れる「箱」のようなもので、変数に数字を入れたり、変数から数字を取り出したりすることができます。たとえば、「2＋3」の結果を「A」という変数に入れると、「A」に「5」が入ります。また、「A×4」を計算するときは、「A」のなかの「5」が取り出され、「5×4」の計算ができます。

変数のなかに数字を入れることを「代入」といいます。変数である「A」に数字を代入すると、内容を書き換えない限り、何度でもその数字を取り出すことができます。「A」のなかにある数字を「見る」というイメージに近いです。

変数という箱に数字を入れておけば、計算結果を覚えておくことができるんだね

うん。そして、使いたいときにいつでも取り出して使えるんだ

▶▶ 箱のなかに数字や文字を入れる

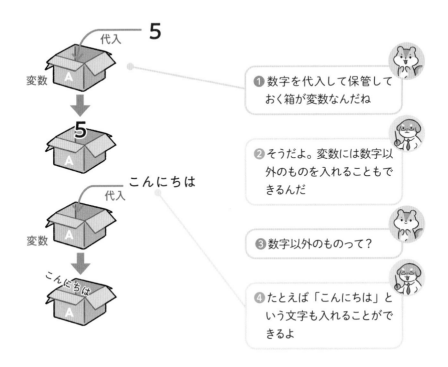

① 数字を代入して保管して おく箱が変数なんだね

② そうだよ。変数には数字以 外のものを入れることもで きるんだ

③ 数字以外のものって？

④ たとえば「こんにちは」と いう文字も入れることがで きるよ

Point

変数の名前
変数には必ず名前を付けて管理します。ほかの変数と 同じにならなければ、「box」「name123」など、自由に 名前を付けられます。

まとめ

- ☑ 変数のなかに数字や文字を入れ、結果を記憶させる
- ☐ 変数のなかにモノを入れることを「代入」という
- ☐ 変数には名前を付けなければならない

配列①
〜変数を横1列に並べたもの（一次元配列）〜

▶▶ たくさんの数字や文字を扱うときに使うのが配列

　変数は数字や文字を入れる箱のようなものですが、変数を大量に使いたい場合はどうすればいいでしょうか。たとえば、リレー選手の名簿をつくる場合、1人目の「佐藤」という文字を入れる変数、2人目の「鈴木」という文字を入れる変数、……と変数をつくってもよいのですが、毎回つくるのは面倒です。このように、大量のデータを保管したい場合は「配列」を使います。

　配列は、変数の箱を横1列に並べたようなものです。配列には通し番号のようなものが振られていて、その番号を指定することで箱を選択し、変数と同じように数字や文字を個別に出し入れできます。配列に入れる数字や文字を「要素」、配列に振られた通し番号を「要素番号」といいます。

　冒頭の例でいうと、「meibo」という配列を作成し、その1番目に「佐藤」、2番目に「鈴木」などの名前（要素）を入れます。第一走者を知りたいときは、配列の1番目に入っている要素を確認すると、「佐藤」であるとわかります。

たくさんの数字や文字を変数に入れようとすると、
それぞれに名前を付けて管理しなければならない
から大変そうだね

配列としてまとめると、その配列1つだけ
を管理すればいいから楽なんだ

▶▶ 変数と配列の違い

変数だけの場合

変数名‥‥‥ First　Second　Third

配列を使う場合

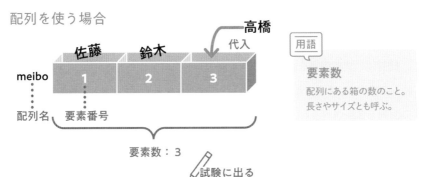

meibo
配列名　要素番号

要素数：3

用語

要素数
配列にある箱の数のこと。
長さやサイズとも呼ぶ。

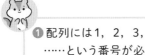試験に出る

要素番号の最初の数
要素番号は必ず0か1で始まります。どちらなのかは問題に記載されるので、見落とさないようにしましょう。

❶配列には1，2，3，……という番号が必要なんだね

❷それが要素番号だよ。「meibo」という配列の3番目に「高橋」を入れるときは「meiboの要素番号3に"高橋"を入れる」と指定するんだ

まとめ

☑ 変数を大量に使う場合は配列を利用すると便利
☑ 配列の要素番号で指定した箱に数字や文字の要素を入れる
☑ 配列の箱の数を「要素数」と呼ぶ

Section 06

配列②

～変数を縦や横に並べたもの（二次元配列）～

▶▶ 配列を二次元的に並べて、さらに大量のデータを扱う

　配列は、変数の箱を横1列に並べ、大量のデータ（情報）を扱えるようにしたものですが、さらに配列自体を並べることもできます。たとえば、4個の長さの配列を3個並べると、4×3＝12個のデータを扱えます。前節の配列は「一次元配列」といいますが、この配列は縦と横に変数の箱を並べるので「二次元配列」と呼ばれます。一次元配列と二次元配列の違いは、一次元配列が1方向のみの直線を表すのに対し、二次元配列は縦と横の2方向をもつ面を表します。

　リレー選手の名簿の例でいうと、一次元配列の場合は「佐藤」「鈴木」「高橋」「田中」というメンバーの名前を、走る順番に並べました。その配列をさらに縦方向に広げることで、別のチームのメンバーの名前を入れることもできます。1行目をAチーム、2行目をBチーム、3行目をCチームとして、チームのメンバーの名前をそれぞれの行に並べていくことができます。

配列は変数を横に並べたものだったよね。じゃあ、配列そのものを並べることもできるの？

そのとおり！　配列を縦に広げることもできるんだ

▶▶ 一次元配列と二次元配列の違い

一次元配列

用語

アクセス
情報を取得したり利用した
りすること。

二次元配列

行の要素番号

配列名　meibo　佐藤　鈴木　高橋　田中　1 → Aチーム
　　　　吉田　山田　佐々木　山口　2 → Bチーム
　　　　山崎　森　池田　橋本　3 → Cチーム
列の
要素番号・・・・・1　　2　　3　　4

❶一次元配列では横に箱
が並んでいるけど、二次
元配列では縦と横に箱
が並んでいるね

❷二次元配列の要素にアクセスす
るときは、縦と横（行と列）の要素
番号を指定するんだ。「2行目の3
列目は佐々木さん」みたいにね

☑ 一次元配列を複数並べたものが二次元配列

☑ 一次元配列では変数が直線に、二次元配列では面に並ぶ

☑ 二次元配列の要素を指定するときは、縦と横の要素番号を指定する

関数①

〜関数の機能のイメージ〜

≫ 複数の処理をひとまとめにして実行できる

　複雑な処理をしようとすればするほど、プログラムは長くなり、全体が把握しにくく、読みづらくなります。そこで、プログラムには複数の処理をまとめる機能があります。それが「関数（かんすう）」です。

　たとえば、カレーライスをつくる料理のレシピがあったとします。それぞれの具材を洗ったり切ったり……と、料理のすべての工程を細かく書くと、そのレシピは途方もない長さになってしまいます。そこで、「ニンジンを洗う」「ニンジンの皮をむく」「ニンジンを切る」といった細かい作業を、1つの「ニンジンの準備」という言葉でまとめて考えます。すると、もともと3つの工程だった作業を1つの言葉で表すことができます。

　ニンジンを洗ったり皮をむいたりする作業はどこに行ったのかというと、その作業は、メインのレシピとは違うところに書いておきます。そして、「ニンジンの準備」をするとき、その3つの作業が書かれた場所を見て、それを読みながら作業します。そして、「ニンジンの準備」が終わったら、またメインのレシピに戻り、料理の続きを行うのです。

　擬似言語でも、これと同じようなことができます。たとえば、30行あるプログラムのうちの10行分を、1つの「sample」という名前の関数にまとめます。この場合、「sample」という関数をつくり、そのなかに10行分の処理を書いて、メインのプログラムと別の場所に置いておきます。メインのプログラムでは、関数「sample」を「呼び出す（よびだす）」ことで、もとの10行分の処理を実行できます。

▶▶ 関数の作成と使用のイメージ

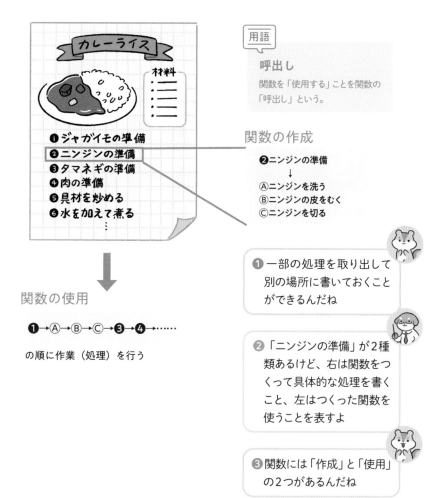

まとめ

- ☑ 複数の処理は「関数」で1つにまとめられる
- ☑ 関数の中身は、メインのプログラムと異なる場所に書く
- ☑ 関数をプログラムで使うことを、関数を「呼び出す」という

関数②
〜引数と戻り値〜

▶▶ あるモノを入れると別のモノが出てくるのが関数

関数とは、複数の処理をまとめて実行する機能です。そして、どの関数も「何かが与えられると何かを返す」という動作をします。

画像認識をするAIの例を考えてみましょう。犬の写真を与えると、「犬」と答えるようなAIがあったとします。このAIは、複雑な処理を内部で行っていますが、それらの処理をまとめて行っているので、このAIは関数であるともいえます。注目すべきなのは、この関数は「写真が与えられると、その認識結果を返す」という構造をしていることです。

関数はこのように「あるものを入力すると、あるものが出力される」という構造をしています。このとき、入力するものを「引数」、出力されるものを「戻り値」といいます。つまり、関数は「引数を入れると、内部で何らかの処理がなされ、戻り値が出てくる」というシステムなのです。

▶▶ 関数の中身は知らなくてもいい

ここで重要なのは、関数の内部で何が起こっているかを知る必要がないということです。「AIがどの部分を見てそれを犬と判断したのか（顔なのか、しっぽなのか、色なのか）」といったことは気にしなくても関数を使うことができるというメリットがあります。ただし、関数をつくる人（AI開発者など）は、関数の内部のしくみについても知っておくべきでしょう。

▶▶ 関数は入力に対して出力を返すもの

引数
犬の写真
関数に**入力するもの**

関数
画像を認識するAI
?
内部の処理は**見えない**

戻り値
認識結果
「犬」
関数から**出力されるもの**

❶ 引数を入れると、戻り値が出てくるのが関数だね！

❷ そのとおり。でも、引数や戻り値がない関数もあるよ。戻り値が存在しない関数は特別に「手続（てつづき）」と呼ぶんだ

用語

手続
戻り値のない関数のこと。

☑ 関数は「何かを入れると何かが返される」もの

☑ 関数に入力するものを「引数」、出力されるものを「戻り値」と呼ぶ

☑ 関数の内部を詳しく知らなくても関数を使うことはできる

▶ Chap.2 のまとめ

順次・選択・繰返し

☑ 順次構造：上から順番に1つずつ処理を実行する

☑ 選択構造：2つの処理のうち、条件に合うものを選択して実行する

☑ 繰返し構造：同じ処理を何度か繰り返して実行する

変数と配列

☑ 変数は、数字や文字を入れて保管しておく「箱」のイメージ

☑ 変数に文字や数字を入れることを代入という

☑ 配列は、変数の箱を並べたもので、数字や文字をたくさん入れられる

関数

☑ 関数は、複数の処理をまとめたもの

☑ 引数を入力すると、処理がまとめて実行され、戻り値が出力される

☑ 戻り値がない関数を手続という

構造

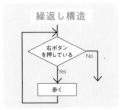

変数　配列

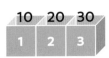

関数

引数 → ❓ → 戻り値

何らかの処理

擬似言語の文法

Chap.3では、本書のメインテーマともいえる、プログラムの
書き方について学習します。擬似言語でプログラムを書くた
めには、書き方の形式やルールである文法を押さえる必要が
あります。それが「記述形式」といわれるものです。ここでは、
記述形式の項目別に書き方を解説していきます。

========== Section 00 ==========

この章で学ぶこと
〜プログラムの書き方を学ぼう〜

▶▶ プログラムを書くためのルールを覚える

　Chap.3では、擬似言語の記述形式である文法について解説します。擬似言語の文法とは、擬似言語でプログラムを書くための形式やルールのことです。実際のプログラムを見ながら学んでいきましょう。難しく感じるかもしれませんが、焦らずにゆっくりと理解してください。Chap.3の内容まで理解できれば、擬似言語の問題を解くために必要な知識は習得できたといえるでしょう。最初に文法の全体像を確認し、その後、各項目について掘り下げていきます。

Section01：擬似言語の文法の全体像である「記述形式」の一覧

Section02 〜 08：「順次」「選択」「繰返し」の3構造の書き方として、「if文」のバリエーションと、「while文」「do文」「for文」を理解する

Section09 〜 15：「変数」「配列」「関数」について、代入の書き方、注釈の入れ方、宣言や呼出しの方法など、擬似言語での取り扱い方を理解する

Section16 〜 18：擬似言語で用いられる「演算子」の意味を確認する

Section19：基本情報技術者試験などで扱われる「未定義」の概念を知る

> Section01〜15が前半部分で、Chap.3のメインとなるパートだよ

> じゃあまず、そこに気合を入れて勉強しようっと！

Section01

書き方のルールの全体像をつかもう！
→記述形式にどんなものがあるかをざっと理解

Section02 ～ 08

基本の3構造の書き方を理解しよう！

順次構造

選択構造
→if文
→if ～ else文
→if ～ elseif文

繰返し構造
→while文
→do文
→for文

Section09 ～ 15

「変数」「配列」「関数」の書き方を理解しよう！

変数
→代入の書き方
→注釈の入れ方
→変数の宣言

配列
→一次元配列
→二次元配列
→配列の配列

関数
→関数の宣言
→関数の呼出し

Section16 ～ 18

「演算子」の意味を
確認しよう！

→＋，－，×，÷，＝，＜，＞など
→not，and，or，mod

Section19

「未定義」も知ろう！

→変数が空っぽの状態

Section 01

記述形式の全体像

〜記述形式を見てみよう〜

ここからプログラムの書き方を学ぶんだね！

うん。まず擬似言語の記述形式を紹介しよう

記述形式？

擬似言語の「書き方」のことだよ。記述形式の内容はインターネット上で公開されているんだ。先にその全体像を知っておこう

▶▶ 擬似言語の書き方

　ここからは実際に、擬似言語の書き方を学んでいきましょう。擬似言語の記述形式は、ITパスポートの主催団体であるIPA（独立行政法人 情報処理推進機構）のWebサイトに公開されています。試験中も同じものを確認できますが、いちいち確認する時間や手間が惜しいので、事前に内容はざっくり把握しておきましょう。右ページの表が、擬似言語の記述形式（文法）です。

　「難しそうな説明がぎっしりある」と感じるかもしれません。現時点では何が書いてあるかちんぷんかんぷんだと思いますが、それで大丈夫です。以降の節で各項目を1つひとつていねいに解説していきます。この章を読み終わるころには、驚くほど内容が理解できるようになっていると思いますよ！

⟫⟫ 擬似言語の記述形式

記述形式	説明
○**手続名又は関数名**	手続又は関数を宣言する。
型名: 変数名	変数を宣言する。
/* **注釈** */	注釈を記述する。
// **注釈**	
変数名 ← 式	変数に**式**の値を代入する。
手続名又は関数名 (**引数**, …)	手続又は関数を呼び出し, **引数**を受け渡す。

if (**条件式1**)
　処理1
elseif (**条件式2**)
　処理2
elseif (**条件式n**)
　処理n
else
　処理n + 1
endif
	選択処理を示す。
	　条件式を上から評価し, 最初に真になった**条件式**に対応する**処理**を実行する。以降の**条件式**は評価せず, 対応する**処理**も実行しない。どの**条件式**も真にならないときは, **処理n + 1**を実行する。
	　各**処理**は, 0以上の文の集まりである。
	　elseifと**処理**の組みは, 複数記述することがあり, 省略することもある。
	　elseと**処理n + 1**の組みは一つだけ記述し, 省略することもある。

while (**条件式**)
　処理
endwhile
	前判定繰返し処理を示す。
	　条件式が真の間, **処理**を繰返し実行する。
	　処理は, 0以上の文の集まりである。

do 　**処理** while (**条件式**)	後判定繰返し処理を示す。 　**処理**を実行し, **条件式**が真の間, **処理**を繰返し実行する。 　処理は, 0以上の文の集まりである。

for (**制御記述**)
　処理
endfor
	繰返し処理を示す。
	　制御記述の内容に基づいて, **処理**を繰返し実行する。
	　処理は, 0以上の文の集まりである

❶え？　これ全部覚えなきゃいけないの？

❷100%暗記しろとは言わない。それぞれどういう意味かがわかれば十分だよ

まとめ

✓ 記述形式とは、擬似言語を記述する「書き方」のこと

✓ 記述形式はインターネット上や試験問題に記載されている

✓ すべてを一字一句覚える必要はない

Section 02

順次構造
〜上から処理を書くだけ〜

▶▶ 順次構造は、上から順番に処理を書いていく

前節の記述形式をざっと見たうえで、まずはプログラムを構成する3要素「順次」「選択」「繰返し」の構造の書き方を見ていきましょう。それぞれの概要は、Chap.2のP.36〜41を参照してください。

ここでは、「順次構造」の書き方を解説します。順次構造は上から順番に1つずつ処理を実行する構造なので、上から順番に処理を書いていくだけです。

そのため、試験で長文のプログラムが出題されても、慌てなくて大丈夫です。プログラムは基本的に上から順番に処理が実行されるので、上から1文ずつ処理を解釈していけば、長文のプログラムでも理解できるというわけです。

> 順次構造は上から順番に処理を書いていけばいいんだよね

> そう。だからプログラムを読んで「これって何のための変数?」とわからなくなっても、上に戻って読み返せば「○○を入れる変数か!」と気づけるはずだよ

▶▶ 順次構造の書き方

[プログラム]

"1" と出力する
"2" と出力する
"3" と出力する

[出力結果]

1

2

3

ダブルクォーテーション

" "は、「囲んでいるものを文字として扱う」ということを示しており、出力結果には表示されません。

❶「出力結果」って何?

❷ プログラムを実行した結果のこと。プログラムは「○○と出力する」という処理だから、実行するとその○○の部分がコンピュータ画面に出力されるんだ

❸ 擬似言語は実行できないんじゃなかった?

❹ 本来はできないけど、実行できたとしたらという仮定の話だね

 まとめ

☑ 上から順番に処理を書いていくと順次構造になる

☑ 長いプログラムは上から順番に解釈していくのがコツ

☑ 処理がわからなくなったら上に戻って読み返す

選択構造①
〜elseあり（if〜else文）〜
エルス　　　　　イフ　エルス

▶▶ 選択構造は、条件で処理を分岐させる

　次に、「選択構造」の書き方を解説します。選択構造は「もし○○であれば□□する」などのように、条件に応じて処理を分岐させる構造です。「もし」は英語で書くと「if」なので、選択構造を擬似言語で表すときには「if文」という記述形式を使います。

　まず「if」のあとにカッコ書きで「もし○○であれば」の○○の部分である条件を書きます。たとえば、「もし信号が青であれば」の場合は「信号が青」が条件です。条件に合っていれば、改行された次の行から「else」までに書かれた処理を実行します。右図では、「信号が青である」ならば「進む」という処理を実行します。逆に条件に合っていなければ、「else」から「endif」までの間に書かれた処理を実行します（処理は複数書くことも可能）。図では、「信号が青でない」ならば「止まる」という処理を実行します。「else」は「そうでなければ」という意味の英語なので、意味を覚えておくとわかりやすいですね。

「if」のあとの文が正しければ図の上側の処理、正しくなければ下側の処理を実行するんだね

そのとおり。ちなみに条件が正しいことを「真（しん）」、誤っていることを「偽（ぎ）」というよ

▶▶ if ~ else 文の書き方

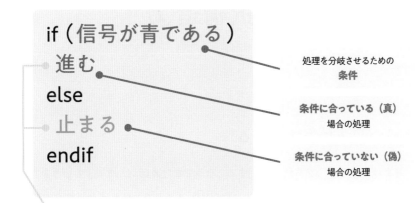

if（信号が青である）

　進む

else

　止まる

endif

- 処理を分岐させるための**条件**
- 条件に合っている（真）場合の処理
- 条件に合っていない（偽）場合の処理

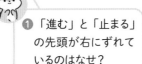

❶「進む」と「止まる」の先頭が右にずれているのはなぜ？

❷ それはインデントだね。段落のようなもので、「条件に合っている場合はここからここまで」「合っていない場合はここからここまで」というのをわかりやすくしているんだ

真と偽

条件に合っている（正しい）ことを「真」、合っていない（誤っている）ことを「偽」という。

インデント

行の先頭をずらすことで、条件に合っている場合と合っていない場合に実行させる処理をわかりやすくする。2段、3段、……と増やせる。

- ☑ **if文を使うと、選択構造を表すことができる**
- ☑ **ifのあとの条件に合っているか否かで処理を分岐させることができる**
- ☑ **実行させる処理を書くときはインデントを設定する**

Chap.3 擬似言語の文法

選択構造②
～else なし（if文）～

▶▶ else 以下は省略できる

if文は「もし○○であれば□□する、そうでなければ△△する」というように処理を分岐させるときに使います。このとき、「そうでなければ」以降を省略することができます。たとえば、「もし宝くじに当たればスポーツカーを買う」という条件では、宝くじに当たらなかった場合のことに触れられていません。このように、「もし○○であれば□□する」という条件だけで終えることもできるのです。

▶▶ else ありと else なしの違い

「if」と「else」を使ったif文は、どんな条件でもいずれかの処理を実行します。一方、「else」を使わないif文では、処理を実行しないことがあります。これが、「elseありのif文」と「elseなしのif文」の違いです。elseありを「if～else文」、elseなしを「if文」と呼ぶことがありますが、厳密なルールはありません。

「else」の次に書いてある「endif」は省略できるの？

「endif」は省略できないよ。「endif」はif文の終わりを表すものなんだ

▶▶ if文の書き方

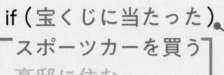

if (宝くじに当たった)
　スポーツカーを買う
　豪邸に住む
　海外旅行に行く
endif

処理を分岐させるための
条件

条件に合っている
場合の複数の処理

インデントを等しく
ifの直下に複数の処理を書いたら、すべて
同じ幅（インデント）でずらします。

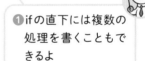

❶ ifの直下には複数の
処理を書くこともで
きるよ

❷ 宝くじに当たれば、この3
つを上から順番に実行す
るということだね

❸ そういうこと！ 逆に宝くじに
当たらなければ、3つの処理が
無視されることもポイントだよ

☑ if文における「else」は省略できる

☑ elseなしのif文は処理を実行しないことがある

☑ ifの直下に複数の処理を書いたら、インデントもすべて均等にする

選択構造③
～if～elseif文～

> if文の書き方はわかったけど、「春だったら○○する、夏だったら□□する、……」って条件がいっぱいあったらどうするの？

> そんなときは「else」と「if」を組み合わせた「elseif」を使うといいよ

▶▶ else と if を合体させて複数の条件を書く方法

前節までは条件が1つだけでしたが、複数ある場合はどうすればいいでしょうか。たとえば、「今の季節が春であれば○○する、夏であれば□□する、……」といった感じです。そんなときは「elseif」という記述形式が使えます。これは「そうではなく、もし」という意味で理解しておきましょう。

「elseif」を使う場合も、1行目は「if」で書き始めます。右ページでは条件を「今の季節が春」とします。このあとに「elseif」と書くことで、2番目の条件を設定できます。2番目の条件は「今の季節が夏」とします。これで、「今の季節が春であれば○○する、そうではなく、もし今の季節が夏であれば□□する」という意味になります。「elseif」はいくらでもつなげられるので、冬までの4つの条件を設定できます。

▶▶ if ～ elseif 文の書き方

if（今の季節が春）
　お花見をする
elseif（今の季節が夏）
　海水浴に行く
elseif（今の季節が秋）
　紅葉狩りに行く
else
　温泉に行く
endif

処理を分岐させるための
条件

処理を分岐させるための
2番目以降の条件

❶ 「今の季節が冬」と
いう条件がないのは
なぜ？

❷ 「else」が冬の処理
になるよ。どれにもあ
てはまらない場合、
「冬」ということが確
定するからね

すべて elseif としてもよい
「else」は「elseif(今の季節が冬)」とも書
き換えられます。

ま　と　め

- ☑ if文で複数の条件を設定するときは「elseif」を使う
- ☑ 「elseif」は「そうではなく、もし」の意味で理解する
- ☑ 「elseif」は連続で複数使うことができる

Chap.3

擬似言語の文法

繰返し構造①
～while文～

▶▶ 条件にあてはまる間、処理を繰り返して実行する

　次に、「繰返し構造」の書き方を解説します。繰返し構造には3つの書き方があり、それぞれ「while文」「do文」「for文」と呼ばれています。それぞれ異なるメリットがあるので、順番に確認していきましょう。

　まず「while文」の書き方から解説を始めます。右ページに示したとおり、「while」のあとにカッコ書きで「処理を続けるための条件」を書き、その条件にあてはまる間、つまり条件が真の間、「while」から「endwhile」までの間に書かれた処理を繰り返して実行します。たとえば、「右ボタンが押されている間、キャラクターを右に進ませる」には、条件に「右ボタンが押されている」と書き、繰り返す処理に「右に1歩進む」と書きます。これで右ボタンを押している間、繰り返して処理が実行され、キャラクターがどんどん右に進んでいく動作を表せます。

「while」の条件には「あてはまる間、ずっと処理を続けるための条件」を書くんだね

「while」は「～の間」という意味だから、「右ボタンが押されている間、ずっと処理を実行し続ける」と考えればいいね

▶▶ while 文の書き方

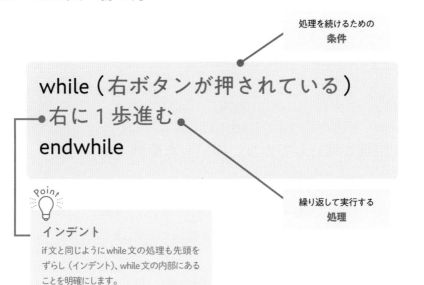

処理を続けるための
条件

while（右ボタンが押されている）
　右に1歩進む
endwhile

繰り返して実行する
処理

Point

インデント

if文と同じようにwhile文の処理も先頭を
ずらし（インデント）、while文の内部にある
ことを明確にします。

❶ 右ボタンを離すとキャラクターは止まる
よ。while文の「右ボタンが押されてい
る」という条件にあてはまらなくなり、
「右に1歩進む」という処理が実行され
なくなるからね

❷ 条件を正しく設定し
ておけば、無限ループ
にならないんだね

　ま　と　め

☑ while文を使って繰返し構造を表すことができる

☑ 「while」は「〜の間」の意味で、処理を続けるための条件を書く

☑ if文と同じく、while文にもインデントを設定する

繰返し構造②
〜do文〜

▶▶ 処理を実行してから、指定した条件で繰り返す

　繰返し構造の2つめは「do文」です。その名のとおり「do」を使い、さらに「while」も使って条件を書きます。while文と同じく、「while」のあとにカッコ書きで「処理を続けるための条件」を書き、その条件にあてはまる間、doの直下の処理を繰り返して実行します。

　do文とwhile文の違いは、while文では処理が1回も実行されないことがありますが、do文では必ず1回実行されることです。これは、処理のあとに条件が書かれているためです。つまり、do文では1回以上、while文では0回以上、処理を繰り返すということです。ただし、実際にはdo文はあまり使われず、多くの場合はwhile文と、次節で解説するfor文が使われます。

do文を訳すと、「処理を実行しなさい（do）、条件にあてはまる間（while）」って感じだね

while文では「条件→処理」、do文では「処理→条件」と、条件より処理が先に来るから、do文では少なくとも1回処理が実行されるんだね

▶▶▶ do文の書き方

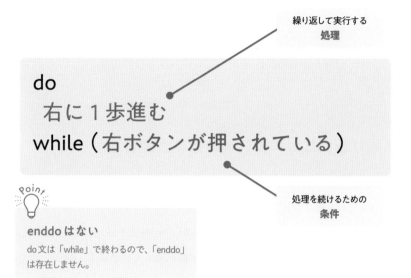

繰り返して実行する
処理

```
do
  右に1歩進む
while（右ボタンが押されている）
```

処理を続けるための
条件

enddo はない
do文は「while」で終わるので、「enddo」
は存在しません。

❶do文では「右に1歩進む」がまず1回実行されるから、キャラクターは最低でも右に1歩進むことになるよ

❷逆にwhile文では右ボタンを押さない限り、右には全く進まないんだね

☑ **do文では、「do」と「while」を使って繰返し構造を表す**

☑ **do文では、最低でも1回処理が実行される**

☑ **エンドドゥー「enddo」は存在せず、do文の終わりには「while」を書く**

Section 08

繰返し構造③
〜for文〜

▶▶ 繰り返すごとに変数内の数字が変わる

　繰返し構造の3つめは「for文」です。while文とdo文は似たものどうしですが、for文はその2つと少し違います。

　P.57の記述形式の表を参照してください。while文やdo文には「条件式」を書きますが、for文にはカッコ書きで「制御記述」を書きます。制御記述とは、たとえば「iを1から9まで2ずつ増やす」といった記述です。「i」は変数、つまり数字を入れる箱で、「iを1から」と書かれているので、「i」には最初に「1」が入ります。その後、繰返しの処理が実行されるたびに、「i」が「2ずつ増やされて」いき、「9」を入れた時点で終了します。このように、for文を使うと、処理を繰り返すたびに、変数「i」の数字を変化させていくことができます。

変数「i」はどういうときに役立つの？

便利な例として、繰返しが「今、何周目」かを数えることができるよ。たとえば、「iを1から10まで1ずつ増やす」という場合は、1周目は「1」、2周目は「2」、......と、「i」の数字を見るだけで、今が何周目の繰返しなのかがわかるんだ

▶▶ for文の書き方

処理の制御を示す
制御記述

[プログラム]

for（iを1から9まで2ずつ増やす）

iを出力する
endfor

| 初期値 | 条件式 | 増分 |

[出力結果]

1
3
5
7
9

❶「i」は1から2ずつ増えるから、「1, 3, 5, 7, 9」と入れて、処理は5回実行されるんだね

❷ そのとおり。ちなみに制御記述には「初期値（最初の値）」「条件式（どこまで）」「増分（増やす量）」を書く必要があるよ

Point

iを出力する

「変数（i）を出力する」という処理では、変数のなかに入れた数字や文字を出力結果として表示します。

まとめ

☑ for文では、処理を繰り返すたびに変数の値が変化する

☑ for文のあとには「制御記述」を書く

☑ 制御記述には、変数、初期値、条件式、増分を書く

代入

～変数のなかにモノを入れる～

▶▶ 左向きの矢印で変数に入れるモノを書く

　ここでは「代入」の書き方を解説します。代入とは、変数のなかに数字や文字を入れることです。変数は数字などを入れておく箱のようなもので、自由に値を入れたり、取り出して使ったりすることができます。

　代入は左向きの矢印を使って表します。まず変数の名前を書き、その名前に対して左向きの矢印を書いてから、変数に入れたい数字や文字を書くことで、数字や文字を変数に代入することを示します。矢印は右向きのほうがしっくりくるかもしれませんが、擬似言語では必ず左向きで書きます。

　また、変数に数字や文字を代入すると、もともとなかに入っていたものは上書きされ、消えてしまいます。

変数に数字を入れるんじゃなくて、数字を取り出したいときはどうするの？

たとえば、変数「a」に数字「5」が入っているとすると、「a＋3」と書けば「5＋3」と解釈されて「a」のなかの数字を使うことができるよ

≫ 代入の書き方

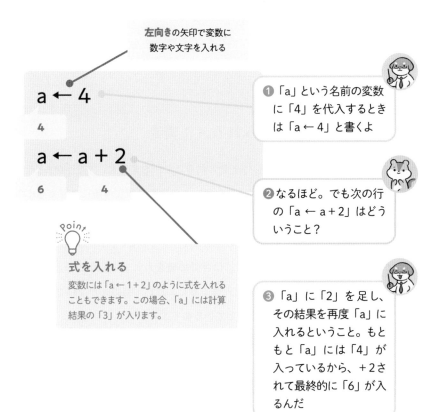

左向きの矢印で変数に
数字や文字を入れる

a ← 4

4

a ← a + 2

6   4

Point

式を入れる

変数には「a ← 1 + 2」のように式を入れる
こともできます。この場合、「a」には計算
結果の「3」が入ります。

❶「a」という名前の変数
に「4」を代入するとき
は「a ← 4」と書くよ

❷ なるほど。でも次の行
の「a ← a + 2」はどう
いうこと?

❸「a」に「2」を足し、
その結果を再度「a」に
入れるということ。もと
もと「a」には「4」が
入っているから、+ 2さ
れて最終的に「6」が入
るんだ

☑ 代入は左向きの矢印を使って表す

☑ 「変数 ← 値」の順番に書き、逆に書いてはいけない

☑ 変数には、式を代入することもできる

注釈
〜コメント〜

▶▶ プログラムに入れられるメモ書き

　プログラムには注釈（コメント）を入れることができます。文を「/*」と「*/」で囲むか、文頭に「//」を付けることで、その文を注釈にすることができます。

　注釈はコンピュータに対する命令ではありません。注釈があってもなくても、プログラムとしては全く同じ処理を実行します。しかし、「この処理ではこんなことをしています」や「この変数には合計の値を入れます」などのように、プログラムの内容を説明した注釈を入れておくことで、別の人がプログラムを見ても、内容がすぐにわかるようにしているのです。

　注釈はどこに書いてもかまいません。

　注釈は実際のプログラミング言語でも使われており、注釈内では日本語が使えるので重宝されます。

英語で書くプログラミング言語でも、注釈では日本語で書けるのはありがたいね

そうだね。注釈の別の使い道として、"処理を一時的に無効にしたいけど削除したくない"というときに、その処理を注釈に変えることで、削除せずに無効化できるんだ

▶▶ 2種類の注釈の書き方

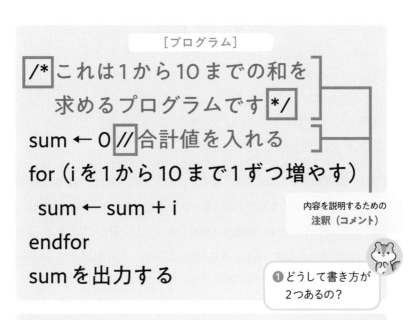

[プログラム]

/*これは1から10までの和を
求めるプログラムです*/
sum ← 0//合計値を入れる
for (iを1から10まで1ずつ増やす)
　sum ← sum + i
endfor
sumを出力する

内容を説明するための
注釈（コメント）

❶ どうして書き方が
2つあるの？

[出力結果]

55

❷「//」は1行のみ、「/*」「*/」は複数
行を注釈にしたいときで使い分けられ
る。でもITパスポートでは「/*」「*/」だ
け使うみたい

❸ どちらの記号でも「注釈」って理解
できればいいんだね

まとめ

- ☑ プログラムには2種類の方法で注釈を入れることができる
- ☑ 注釈でプログラムの細かい説明を行う
- ☑ 注釈があってもなくても同じ処理が実行される

Section 11

変数の宣言

～どんな変数を使うかを明らかにする～

▶▶ 使う変数の名前と型を決める

変数は、数字や文字を入れておく箱のイメージです。しかし、数字や文字を入れる前に、まず箱自体を用意する必要があります。それを「変数の宣言」といいます。変数の宣言では、変数の「名前」と「型^{かた}」を明らかにします。具体的には「型：変数名」と書きます。また、「型：変数名1, 変数名2」のように複数の変数をコンマでつないで同時に宣言することもできます。

「変数には名前が必要」と説明しましたが、それでは「型」とは何でしょうか。実は、変数に入れられるものには制限があります。たとえば「整数型」の場合、整数しか入れることができません。このように、変数に何を入れられるかを表したものが型です。

型には、整数を入れられる整数型のほかに、実数を入れられる実数型、文字を入れられる文字型などの種類があります。

変数には何でもかんでも入れられるわけじゃないんだね

うん。型に合った値しか入れることができないんだ。だから、整数型の変数に文字を入れることは基本的にできないよ

変数の宣言の例

変数に入れられるものを表す**型**　　　　変数の**名前**

整数型： num

文字型： a, b

●初期化の例
整数型： num ← 2

●初期化の例
文字型： a ←"あ", b ←"F"

❶ 変数を宣言すると、中身が空の変数
（箱）が完成。矢印を使えば最初に値
を入れておくこともできるよ。それは
「初期化」というんだ

❷ 変数の宣言と代入
を同時に行うよう
な感じだね

変数の型の種類

型	説明	例
整数型	整数	1, -256　など
実数型	整数と小数	3.6, 7.55　など
文字型	文字（1字）	A, あ　など
文字列型	文字列（複数の文字）	Hello, あいう　など
論理型	真と偽を表す	true, false（2つのみ）

まとめ

☑ 変数を宣言するときは、変数の名前と型を明らかにする

☑ 変数の型に合ったものを代入できる

☑ 変数は複数のものを同時に宣言できる

関数・手続の宣言

～どんな関数をつくるかを明らかにする～

▶▶ 戻り値の型、関数の名前、引数の型と名前を決める

　関数は、複数の処理をまとめる機能です。関数にある値（引数）を入れると、内部で計算され、結果の値（戻り値）が出てきます。関数には「作成」と「使用」があり、「作成」で関数の中身を書き、「使用」で関数内の処理を実行します。

　ここでは関数の「作成」について解説します。関数の中身を書くとき、1行目で「今からこんな関数をつくりますよ」ということを明らかにします。これを関数や手続の宣言といいます。関数の宣言では、「名前」「引数」「戻り値」が何かを書きます。一方、「戻り値」が省略されたものは、手続と呼びます。

　たとえば「整数を入れると数字が漢字になって出てくる関数」を考えてみます。「5」を入れると「五」が出てきて、「21」を入れると「二十一」が出てくるという具合です。関数の名前は「numToKanji」とします（number to Kanji〈数字を漢字へ〉の意味）。すると、関数の宣言は次のように書くことができます。

　　〇文字列型：numToKanji（整数型：num）

　先頭の「文字列型」は戻り値の型を表しています。戻り値は「五」「二十一」などの複数の文字（文字列）なので、文字列型となります。コロンのあとの「numToKanji」は関数の名前です。続くカッコ内には引数の型と名前を書きます。「5」「21」などの整数を入れるので「整数型」とし、名前は「num」（数字を意味するnumberの省略語）です。これで関数を宣言したことになります。

　なぜこんな方法で宣言するのでしょうか。次節の「関数の呼出し」を見れば、その対応関係がわかります。

▶▶ 関数の宣言の例

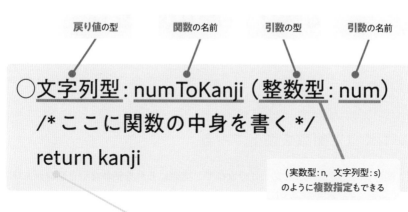

戻り値の型　　　関数の名前　　　引数の型　　　引数の名前

○文字列型 : numToKanji（整数型 : num）
/* ここに関数の中身を書く */
return kanji

（実数型 : n, 文字列型 : s）
のように**複数指定もできる**

❶ 関数の宣言では○を
書いてから、戻り値、
関数、引数の順番で
書いていくよ

❷ 「return」
って何？

Point

引数は複数書ける
関数には引数を複数入れる
ことができます。ただし、戻
り値は1つしか書けません。

❸ 「return」の横には戻り値を書くんだよ。この例で
は変換後の変数「kanji」になるんだ。この「kanji」
の変数の型は、宣言した戻り値の型「文字列型」と
一致させる必要があるよ

☑ 関数の宣言では、戻り値の型、関数の名前、引数の型と名前を書く

☑ returnのあとに戻り値を書く

☑ 引数は複数になってもよいが、戻り値は1つしかない

関数・手続の呼出し

〜関数を使用する〜

▶▶ つくった関数を使ってみる

　関数はただ処理をまとめただけなので、実際にそれを使わないと意味があり
ません。関数を使うのはとても簡単です。関数名を書き、そのあとにカッコ書
きで必要な引数を入れるだけです。たとえば、前節で作成した「整数を入れる
と数字が漢字になって出てくる」関数を使う場合は次のように書きます。

　　numToKanji(5)

　ここでは引数に「5」を入れています。引数の数字を変えれば、関数に入れ
る数字を変更できます。このように、プログラム上で関数を使うことを「関数
を呼び出す」といいます。

　この関数では、変換結果が戻り値として出てきます。

　　char ← numToKanji(5)

　上記のように、変数に関数を代入すれば、関数の戻り値「五」が「char」と
いう変数のなかに入ります。

感覚的に関数に「5」を入れると、結果の「五」が
左にポンッと飛び出してくる感じだね

変数の代入と同じく、右から左にモノが移動する
イメージだね

▶▶ 関数の処理と呼出しのイメージ

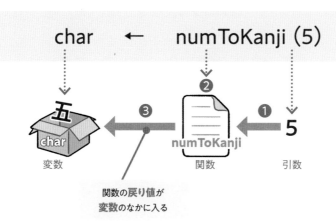

①関数の呼出しは、①「5」を「numToKanji」に入れる→② numToKanji内で変換処理がされる→③「五」という結果が出てくる、という流れだよ

②なるほど。そして出てきた戻り値を変数に入れるんだね

③そういうこと！　戻り値のない手続などでは変数に代入する必要はないよ

Point

複数の引数の設定
関数の宣言で、複数の引数を設定した場合は、呼び出すときもそれと同じ数の引数をカンマで区切って指定します。

まとめ
☑ 関数の呼出しでは、関数に必要な分だけ引数を入れる
☑ 引数が関数内で変換され、戻り値として出力される
☑ 関数を変数に代入すれば、戻り値が変数に代入される

配列①

～一次元配列～

▶▶ 配列の型と名前を決め、数字や文字を代入する

　配列は、変数の箱（要素）を横1列に並べたようなものです。配列も変数と同様、配列を作成する「宣言」と、配列に値を入れる「代入」があります。

　配列の宣言では、配列の「型」と「名前」を明らかにし、「型：配列名」と書きます。たとえば、「整数型の配列：array」といった具合です。「array」は「配列」という意味の英語で、「整数型の配列」は「配列のそれぞれの箱には整数しか入れられない」ことを意味します。したがって、整数型の配列に整数と文字を混ぜて入れることはできません。

　最初に配列に値を代入するときは、すべての要素を一気に代入します。具体的には「array←{1, 3, 5}」などと書きます。これで、「array」の1番目の箱に「1」、2番目の箱に「3」、3番目の箱に「5」が入ります。

　2回目以降に値を代入するときは、場所を指定して1つずつ要素を入れていきます。たとえば、2番目の箱を「10」に変えたいときは「array[2]←10」と書きます。このように、[　]内に要素番号を書いて、配列の対応した箱に数字を代入したり、内部の数字を取り出したりします。

▶▶ 配列の要素を追加する

　最初の値の代入で配列の箱（要素）の数が決まりますが、あとから箱を追加できます。もとの「array」が{1, 3, 5}で、さらに「arrayの末尾に0を追加する」ことを命令すれば{1, 3, 5, 0}に変化し、要素数が3から4に増えます。

▶▶ 一次元配列の宣言と代入、要素の追加の例

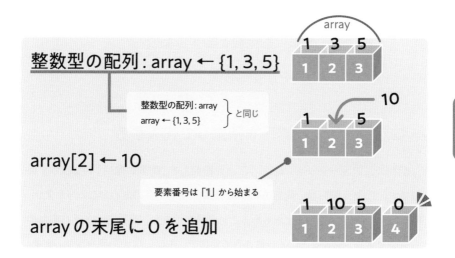

整数型の配列：array ← {1, 3, 5}

整数型の配列：array
array ← {1, 3, 5} } と同じ

array[2] ← 10

要素番号は「1」から始まる

arrayの末尾に0を追加

❶変数と同じように、宣言と代入を同時に行うこともできるんだね

❷そうだね。これを配列の「初期化」っていうんだよ

試験に出る

0から始まるとき
要素番号が「0」から始まる場合、配列の左から1番目は「array[0]」となることに注意しましょう。

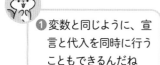

- ☑ 配列で要素の型を指定すると、それ以外の要素は入れられない
- ☑ 最初にすべての要素を代入し、その後、個別に値を出し入れする
- ☑ 配列の要素数を変更することもできる

Section 15

配列②

～二次元配列と配列の配列～

▶▶ 二次元の配列も場所を指定して代入する

　配列の二次元バージョンには、「二次元配列」と「配列の配列」の2種類があります。二次元配列は、変数の箱が縦と横に並んで長方形の形になりますが、配列の配列には、いびつな形もあることが異なります。宣言方法はそれぞれ少し違いますが、代入などは同じ書き方ですので、主に二次元配列を説明します。

　二次元配列の宣言も配列の「型」と「名前」を明示し、「型：配列名」と書きます。たとえば、「整数型の二次元配列：matrix」や「整数型配列の配列：matrix」などと書きます。この場合、「matrix」には整数しか入れられません。

　最初に配列に値を代入するときは、一次元配列と同様、すべての要素を一気に代入します。具体的には「matrix←{{1, 3}, {5, 7}}」などと書きます。{1, 3}が1行目、{5, 7}が2行目の要素を表し、それらを{ }で囲んだ構造です。

　2回目以降に値を代入するときは、場所を指定して1つずつ入れていきます。たとえば右図のように、配列の右上の箱の「3」を「10」に変えたいときは「matrix[1, 2]←10」と書きます。[1, 2]の「1」は1行目、「2」は2列目を表し、「何行目の何列目か」をこの順番で指定します。逆に、「matrix」の2行目の1列目（上から2番目かつ左から1番目の「5」）の箱（要素）を使いたいときは、「num←matrix[2, 1]」と書くことで、変数「num」に「5」が代入されます。

　応用的な内容ですが、二次元配列で要素番号を1つしか指定しないときは、行番号だけ指定したことになります。したがって、「matrix[1]」は1行目の{1, 3}、「matrix[2]」は2行目の{5, 7}の配列を指定したことになります。

▶▶ 二次元配列の宣言と代入、要素の取り出しの例

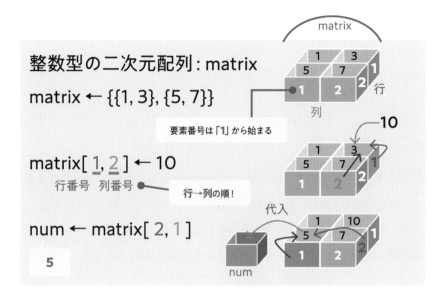

整数型の二次元配列：matrix

matrix ← {{1, 3}, {5, 7}}

要素番号は「1」から始まる

matrix[1, 2] ← 10

行番号　列番号　**行→列の順！**

num ← matrix[2, 1]

5

❶ 行は横向きの並び、列は縦向きの並びを意味するよ

❷ 行と列がどっちの向きなのか忘れちゃいそう……

Point
指定の順番は「行列」
要素は「何行目の何列目か」の順に指定しますが、その順番は「行列」という単語と同じです。

❸ そんなときは漢字の右側を見て。行は横に線が並んでいて、列は縦に線が並んでいるから思い出せるよ

横向きの並びが「行」

縦向きの並びが「列」

☑ 長方形型の二次元配列と、それ以外の配列の配列がある

☑ 行は横向き、列は縦向きの並びを表す

☑ 要素を指定するときは「行→列」の順に指定する

Section 16

演算子①

~計算の優先度~

▶▶ 数式などに用いられる記号の計算順序

　擬似言語の文法については、あと少しで説明が終わりますが、最後に「演算子」に触れておきましょう。演算子とは、「10÷2」の「÷」や、「3＜7」の「＜」など、数式や値の比較などに用いる記号のことです。これは知っている人が多いと思いますので、右ページを見ればほとんど理解できるでしょう。一部、わかりにくいところがあるかもしれませんので補足します。

　演算子には「優先度」があります。これは、「×や÷は、＋やーより先に計算する」といった、算数で学んだ計算順序のルールのことです。プログラムでも算数とほぼ同じルールが適用されます。優先度が一番高いカッコは、「(2＋3)×4」などのように使われる（　）のことです。カッコ内を最初に計算することは、みなさんがすでに理解しているとおりです。

1＋(3－4÷2)の計算結果はどうなるかな？

優先度に注目すると、①（　）内の3－4÷2に注目、②4÷2＝2を計算、③（　）内の3－2＝1を計算、④1＋1＝2、だから答えは2だね

そのとおり！

▶▶ 演算子と計算の優先度

用語

単項演算子と二項演算子

1つの値に付くのが単項演算子（＋5など）、2つの値の間で使われるのが二項演算子（a≠8など）です。

演算子の種類		演算子	優先度
式		()	高
単項演算子		not ＋ －	
二項演算子	乗除	mod × ÷	
	加減	＋ －	
	関係	≠ ≦ ≧ ＜ ＝ ＞	
	論理積	and	
	論理和	or	低

注記　演算子modは，剰余算を表す。

❶「＋」と「－」だけ2つずつあるけど？

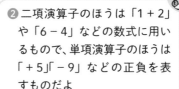

❷二項演算子のほうは「1＋2」や「6－4」などの数式に用いるもので、単項演算子のほうは「＋5」「－9」などの正負を表すものだよ

☑ **演算子とは、数式や値などに用いられる記号のこと**

☑ **演算子には、どれを先に計算するかという優先度がある**

☑ **単項演算子は1つ、二項演算子は2つの値の間で使われる**

Section 17

演算子②
ノット　アンド　オア
~ not, and, or ~

前ページの表でわからない記号があるんだけど……

何がわからなかった？

not, mod, and, orの4つだよ

そうか。not, and, orは仲間どうしだから、この節で学習しておこう

▶▶ 否定、両方とも正しい、いずれか一方が正しい

　まずnotは、「～でない」という意味で、数式や値、文などを否定することを表します。単項演算子なので、文の前に付け、「not (aが2である)」などと書きます。これは「aが2でない」と書いても同じです。

　次にandは、「かつ」という意味で、2つの文などが両方とも正しい（真）かどうかをチェックします。たとえば、「ユーザー名が正しいandパスワードが正しい」なら、ユーザー名とパスワードが両方とも正しいときのみ、全体として正しいことを意味します。

　最後のorは、「または」という意味で、2つの文などのいずれか一方が正しい（真）かどうかをチェックします。たとえば、「朝食を食べたor昼食を食べた」なら、朝食か昼食のいずれか一方を食べていれば、全体として正しいことを意味します。

▶▶ not, and, or のしくみ

真：○　偽：×

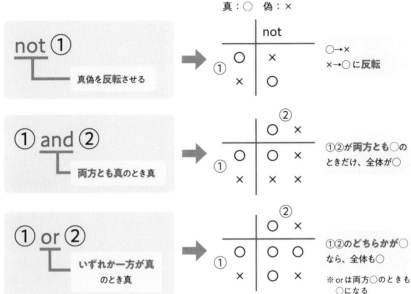

not ①
└── 真偽を反転させる

	not
① ○	×
×	○

○→×
×→○ に反転

① and ②
└── 両方とも真のとき真

①②が両方とも○の
ときだけ、全体が○

① or ②
└── いずれか一方が真
　　のとき真

①②のどちらかが○
なら、全体も○

※ or は両方○のときも
　○になる

※①②いずれも真偽を判定できる文の場合。

❶ not は○（真）と×（偽）
を反転させるんだね

❷ そうだよ。and は①と②が両方とも
○のときだけ全体が○になるんだ

❸ そして、or は①と②のど
ちらかが○なら全体も
○になるんだね

Point

文全体で１つ
「not（a が 2 でない）」や「朝食を食べた or 昼
食を食べた」は文全体で1つとみなし、正し
いか正しくないか（真か偽か）を判断します。

☑ not は否定の演算子で、後ろの数式や文などの真偽を反転させる

☑ and は「かつ」の意味で、前後が両方とも真のとき全体も真

☑ or は「または」の意味で、前後のいずれか一方が真のとき全体が真

演算子③
～ mod ～
モッド

次はmodの説明だね。何て読むの？

「モッド」と読むよ。これは割り算をしたときの「余り」と関係があるんだ

割り算の余り？

▶▶ 割り算の余りを計算する mod

　余りが出る割り算について、念のため確認しておきましょう。たとえば「7÷3」は割り切れず、「7÷3＝2...1」のように「1」が余りとして出てきます。余りに注目したい場合は「mod」の演算子を使い、「7 mod 3」と書けば「7を3で割った余り」を意味します。つまり、「7 mod 3＝1」ということです。同様に、「11÷4＝2...3」なので「11 mod 4＝3」となります。

　余りはmodで取り出すことができますが、商（「7÷3＝2...1」の「2」）を取り出したい場合はどうすればよいでしょうか。その方法は、整数型の変数「num」を使い、「num ← 7÷3」と書けば、「num」に「2」が入ります。「num」には整数しか入れられないので、「7÷3＝2.33...」と計算したときの小数は切り捨てられ、「2」だけが入るという理屈です。

▶▶ 割り算の商と余りの取り出し方

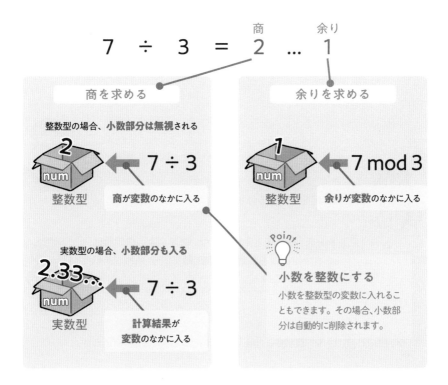

$$7 \div 3 = \overset{商}{2} \dots \overset{余り}{1}$$

商を求める

整数型の場合、小数部分は無視される

2

num

整数型　　商が変数のなかに入る　7 ÷ 3

実数型の場合、小数部分も入る

2.33…

num

実数型　　計算結果が変数のなかに入る　7 ÷ 3

余りを求める

1

num

整数型　　余りが変数のなかに入る　7 mod 3

Point

小数を整数にする

小数を整数型の変数に入れることもできます。その場合、小数部分は自動的に削除されます。

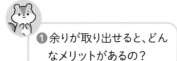

❶ 余りが取り出せると、どんなメリットがあるの？

❷ ある数を「3」で割った余りが「0」なら、その数は「3」の倍数だよね。このように、何の倍数か判定したいときに役立つよ

ま と め

☑ modは、前の数を後ろの数で割った余りを求める

☑ 割り算の式を整数型の変数に入れると、商が取り出せる

☑ 小数を整数型の変数に入れると、整数部分のみが抽出される

Section 19

true と false ／ 未定義

～条件の真偽と変数が空っぽの状態～

※「未定義」は基本情報技術者試験のみの出題

さあ、これが文法の解説の最後だよ

最後は何を勉強するの？

true と false、あと未定義について学ぶよ。未定義は基本情報技術者試験のみの出題だから、余裕があれば見ておいてね

▶▶ 条件が正しいtrue、条件が誤っているfalse

　if文で指定する条件では、条件が正しいことを「真」、誤っていることを「偽」といいます。プログラムでは、「真」を「true」、「偽」を「false」と呼びます。つまり、trueは条件が正しいこと、falseは条件が誤っていることを表すのです。また、trueとfalseは「論理型」と呼ばれ、変数に論理型を入れる場合には、変数を論理型で宣言する必要があります。

▶▶ 変数に何も入っていない状態は「未定義」

　変数には数字や文字を入れることができますが、作成直後は何も入っていないはずです。この状態を「未定義」といいます。未定義は「空っぽ」という意味です。逆に、数字や文字が入っている状態を「未定義でない」といいます。未定義でないものを未定義にするには「未定義の値」を入れます。

▶▶ true と false の例、未定義のイメージ

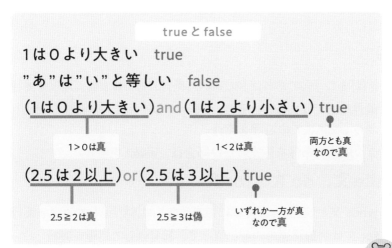

true と false

1は0より大きい　true

"あ"は"い"と等しい　false

(1は0より大きい)and(1は2より小さい) true

1>0は真　　　1<2は真　　　両方とも真なので真

(2.5は2以上)or(2.5は3以上) true

2.5≧2は真　　　2.5≧3は偽　　　いずれか一方が真なので真

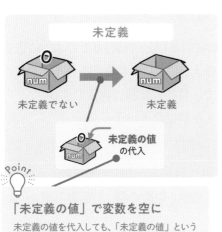

未定義

未定義でない　→　未定義

未定義の値の代入

Point

「未定義の値」で変数を空に
未定義の値を代入しても、「未定義の値」という文字が変数に入るわけではありません。

❶ andやorは全体が正しい（真）かどうかをチェックするんだね

❷ そうだよ。あと未定義は変数が空っぽの状態で、「0」と「未定義」は別物だから注意してね。「0」が入っている状態と、何も入っていない状態の違いだよ

まとめ

- ☑ true は真（正しい）、false は偽（誤っている）を表す論理型
- ☑ 未定義は、変数が空っぽであることを意味する
- ☑ 未定義の値を入れると、変数は未定義になる

▶Chap.3 のまとめ

if文

- ☑ if は「もし○○であれば」の意味で、条件にあてはまれば処理を実行
- ☑ 条件にあてはまらない場合、「そうでなければ」の意味の else から endif までの処理を実行
- ☑ 2つ以上の条件を設定したい場合は、elseif を使う

while文、do文、for文

- ☑ while 文と do 文は条件式にあてはまる間、繰り返して処理を実行
- ☑ for 文は制御記述の内容に従って、繰り返して処理を実行

変数・配列

- ☑ 変数や配列の宣言では、型と名前を「型 : 名前」などのように書く
- ☑ 代入は「変数名 ← 値」などのように左向きの矢印を使って表す
- ☑ 配列の要素番号を書くことで、目的の変数に代入できる
- ☑ 宣言と同時に代入を行うことを初期化という

関数・手続

- ☑ 関数の宣言では、戻り値の型、関数の名前、引数の型、引数の名前を「戻り値の型 : 関数の名前 (引数の型 : 引数の名前)」などのように書く
- ☑ return で戻り値を返す

演算子

- ☑ 四則演算は、算数と同じ順番で行う
- ☑ and は、2つの条件式が両方とも真のとき真
- ☑ or は、2つの条件式のいずれか一方（または両方）が真のとき真
- ☑ mod は、A を B で割った余りを意味する

練習問題

Chap.4からは、擬似言語の問題を解いていきましょう。プログラムの特徴ごとにオリジナルの問題を用意しましたので、こちらを解きながら問題に慣れていきましょう。まずは問題文をよく読んで理解し、具体的な数字などを代入してプログラムの動作を確認していく（トレース）ことが重要です。

問題 問題を解くうえでの心得
00
～トレースが大事～

▶▶ 具体的な値を代入して動作を確認する

　これまでに学んだ知識を使って問題を解いてみましょう。問題を解くカギとなるのは「トレース」です！「トレースを制する者が擬似言語を制す」といっても過言ではないでしょう。

　トレースとは、プログラムの動作を1行ずつ順番に追っていくことです。たとえば繰返し構造で、「1周目で変数に○○が入っている。2周目で△△に変わった。3周目で□□に変わった。……」というように、各段階の動作を順番に理解します。

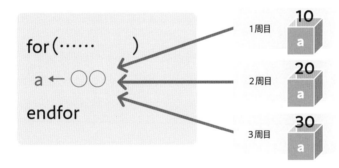

繰返し構造では、同じ処理を繰り返すごとに、変数のなかの値がコロコロ変わっていくよ

だから、繰返し構造を分解して、1周するごとに値がどう変わるかを理解することが大事なんだね

Chap.4では、筆者が作成したオリジナル問題を掲載しています。というのも、いきなりITパスポートの過去問題を解こうとしても難しいと思うからです。そこで、過去問題よりも難易度を下げた簡単な問題を解きながら、擬似言語の問題に慣れていきましょう。

「問題01」から順番に解くことをオススメしますが、自分のレベルに合わせて、苦手な問題から取り組むのもよいでしょう。

問題文は、主に「文章によるプログラムの説明」と「プログラム」で構成されています。文章による説明は、問題を解くヒントになるので、正確に理解しましょう。問題はプログラム実行後の出力結果を答えるものと、プログラムの穴空き部分を答えるものの2種類があります。どちらも問題文を理解→トレースという作業が重要です。

次のChap.5では、実際にITパスポートで出題された過去問題を解説していきます。

問題01 ~ 02
変数だけを使ったシンプルな問題
→変数の宣言と代入

問題03 ~ 05
「if文」の問題

問題06
「for文」の問題

問題07
「while文」の問題

問題08
「for文」と「if文」の融合問題

問題09
「配列」の問題

問題10 ~ 11
「関数」の問題

関連ページ ▶ P.42, 72, 76

問題 01 変数の宣言
~宣言と代入~

問題

次のプログラムを実行したとき，出力される数字の組合せとして，適切なものを選びなさい。

〔プログラム〕

```
整数型: x, y
x ← 9
y ← 3

x + yを出力する
x − yを出力する
```

〔出力結果〕

a

b

	a	b
ア	3	9
イ	6	12
ウ	9	3
エ	12	6

Hint ⟫⟫ 変数の扱いに慣れよう

▶ 「整数型」で変数を宣言すると、整数を入れる箱ができる

▶ 矢印を使い、変数に整数を代入する

▶ 「出力する」で変数の中身を表示する

　1問目では、簡単な問題を通してプログラムに慣れていきましょう。本問のプログラムは、前半3行と後半2行で区切って考えることができます。

まずは前半3行について、見てみましょう。
〔プログラム〕
　　整数型: x, y
　　x ← 9
　　y ← 3

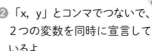

❶ 変数の宣言は「型名: 変数名」という書き方だよね

1行目で変数の宣言を行っています。変数は数字や文字を入れる箱のイメージでしたが、今回はxとyという2つの箱（変数）を用意しています。「整数型」と書かれているので、整数しか入れることができません。そのあとの2行で変数への代入を行っています。「x ← 9」でxに9、「y ← 3」でyに3を入れていることがわかります。

❷ 「x, y」とコンマでつないで、2つの変数を同時に宣言しているよ

次に後半2行について、見てみましょう。
〔プログラム〕
　　x + yを出力する
　　x − yを出力する

プログラム中の「出力する」とは、数字や文字を画面に表示することです。「x + yを出力する」は、xとyに入っている数字どうしを足して、画面に表示するという意味です。xには9、yには3が入っているので、その和の12が表示されます。同様に、「x − yを出力する」では、「9 − 3＝6」の計算結果6が次の行に表示されます。したがって、12と6の順で1行ずつ画面に表示されることになります（エ）。
　基本的にプログラムの最初の数行では、変数の宣言や初期化、関数の宣言など、事前の準備作業を行います。しかし、大事なのはそのあとの「出力する」という処理や、「if文」「for文」などです。そのため、プログラムを読むコツとして、最初の数行は軽く読み流すくらいの気持ちでいるとよいでしょう。

正解 ▶▶ エ

関連ページ ▶ P.42, 72, 96

問題 02 数字を入れ替える
~トレース~

問題

次のプログラムを実行したあと，変数x, yに入っている値の組合せとして，適切なものを選びなさい。

〔プログラム〕
整数型: x, y, temp
x ← 1
y ← 2

temp ← x
x ← y
y ← temp

	x	y
ア	1	1
イ	1	2
ウ	2	1
エ	2	2

Hint ⟫⟫ 1行ずつプログラムの動作を追っていこう

▶ プログラムの動作を順番に理解する

▶ 代入すると、もとの値は上書きされる

▶ 変数x, yの値がプログラム実行の前後でどう変化したかに注目

解説

　プログラムの前半では、x, y, tempという3つの変数を用意し、xには1、yには2を代入しています。ここはプログラムの準備段階です。

　プログラムの後半が今回のメインテーマです。

〔プログラム〕

```
temp ← x   ……①
x ← y      ……②
y ← temp   ……③
```

　変数がいくつも登場してわかりづらいですが、どんなプログラムでも順を追って動作を見ていくことで、必ず理解できます。1行ごとに変数の中身を見てみましょう。

	x	y	temp
初期状態	1	2	
① temp ← x	**1**	2	**1**
② x ← y	**2**	**2**	1
③ y ← temp	2	**1**	**1**

　表では、代入に関係する部分を強調しています。表にすると、プログラムが進むごとに変数の中身がどう変わっていくかが一目瞭然です。このように、プログラム実行後の変化を順番に追っていくことを「トレース」といいます。また、そのときにつくる上記のような表を「トレース表」と呼びます。

　プログラムと対応させながら、行っていることをトレース表で確認しましょう。

① temp ← x

　これは、tempにxの数字を入れるという意味です。

プログラムの前半では、「x ← 1」でxに1を代入したので、xには1が入っています。この1をtempに入れます（コピーします）。つまり、xとtempの両方に1が入っていることになります。

② x ← y

現在、xには1、yには2が入っていて、yの2をxに入れます。この結果、xとyの両方に2が入っていることになります。xには1が入っていましたが、代入によって数字が上書きされることに注意しましょう。

③ y ← temp

現在、yには2、tempには1が入っていて、tempの1をyに入れます。この結果、yとtempの両方に1が入ることになります。

最終的に、xには2、yには1、tempには1が入っていることになります（**ウ**）。

トレースを行うことで、複雑に見えた処理の内容を追うことができました。なかには「表を書くのが面倒」と感じる人もいるかもしれません。しかし、特に初心者のうちはトレースの作業を怠らず、トレース表を書きながら問題を解きましょう。問題が難しくなるほど、正しくトレースする力が重要になります。

表の書き方は人それぞれですが、最低限、次のものは書くようにしましょう。
- ・変数の名前
- ・変数の値

下表のように簡略化しても問題ありません。きれいに書く必要はなく、自分がわかる書き方でOKです。

x	y	temp
1	2	
1	2	1
2	2	1
2	1	1

また余談ですが、今回のプログラムは「スワップ」と呼ばれ、変数xと変数yの値を入れ替えるというものです。最初、xには1、yには2が入っていましたが、最終的にxには2、yには1が入り、数字が入れ替わっています。

xとyの数字を入れ替えるなら、「次のように書けばいいのでは？」と思う人もいるでしょう。

x ← y
y ← x

> xにyを入れて、yにxを入れればいいんじゃない？

しかし、これではうまくいきません。トレースすると下表のようになります。

	x	y
初期状態	1	2
①x ← y	2	2
②y ← x	2	2

xもyも両方とも2になってしまいます。変数tempが必要な理由を説明するために、2つのコップに入った飲み物を入れ替えることを考えてみましょう。

コップx

コップy

上図のように、コップxにコーラ、コップyにソーダが入っているとします。これを入れ替え、コップxにソーダ、コップyにコーラを入れたいとき、コップが2つしかないとどうしようもありません。3つめのコップ（temp）を用意することで、うまく入れ替えることができます。

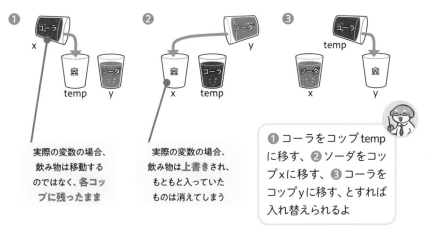

❶ 実際の変数の場合、飲み物は移動するのではなく、各コップに残ったまま

❷ 実際の変数の場合、飲み物は上書きされ、もともと入っていたものは消えてしまう

❶ コーラをコップtempに移す、❷ ソーダをコップxに移す、❸ コーラをコップyに移す、とすれば入れ替えられるよ

このようにスワップの際は、xとyのほかにもう1つ、一時的に数値を保管しておく変数が必要です。今回はtemp（temporary〈「一時的に」という意味の英語〉の略）という変数を使っています。xの値をtempに避難させておき、yの値をxに代入します。その後、避難させたtemp（もとのx）の値をyに代入するのです。

このように、値を入れ替えるだけでも少し頭を使います。しかし、試験ではスワップをするとき、「xとyの値を入れ替える」と1行であっさり書かれます……。

正解 ▶▶ ウ

関連ページ▶ P.60, 76, 90

問題 03 if 文の問題①
～if と else～

問題

次のプログラムを実行したとき，出力される数字として，適切なもの
を選びなさい。

〔プログラム〕

```
整数型: num ← 27
if ((num mod 2) が0と等しい)
    num ← num ÷ 2
else
    num ← num × 3 + 1
endif
numを出力する
```

ア 13   **イ** 14   **ウ** 27   **エ** 82

Hint ⟫⟫ 条件式に出てくる記号や言葉に注意しよう

▶ if文では特に条件式に注目する

▶ modは割り算をしたときの余りを求める演算子

▶ ifの条件式にあてはまらないとき、elseのほうを実行する

　まずプログラムの1行目は簡単ですね。ここでは変数を「初期化」しています。初期化とは、変数の宣言と代入を同時に行うようなもので、numという整数を入れられる箱（変数）を用意し、同時に27という数字を入れています。

　次がif文です。

〔プログラム〕

```
if ((num mod 2) が0と等しい)
    num ← num ÷ 2       ……(A)
else
    num ← num × 3 + 1   ……(B)
endif
```

❶ インデント（文頭の空白）があることで、「処理 (A) がifの処理」とわかるんだよ

❷ じゃ、こっちは「処理 (B) がelseの処理」ということを表すんだね

　if文は、条件式にあてはまる場合は(A)、あてはまらない場合はelseの(B)の処理を実行します。ここでの条件式は「(num mod 2) が0と等しい」です。modは余りを表す演算子で、「num mod 2」と書けば「numを2で割った余り」を意味します（P.90参照）。つまり、条件式は「numを2で割った余りが0と等しい」という意味です。

　実際の試験では「(num mod 2) が0と等しい」ではなく、「numを2で割った余りが0と等しい」のように、modを使わずに問われる場合もあります。

　ここでは、numの27を2で割ると、「27÷2 = 13...1」で、余りは1です。

　したがって、余りが0ではないので条件式にはあてはまらず、処理(A)は実行されません。あてはまらない場合はelseの(B)の処理が実行されます。

　「(B) num ← num × 3 + 1」では、まず右の「num × 3 + 1」を計算し、その結果をnumに代入しなおします。ここではnumは27なので、「27 × 3 + 1 = 82」となり、計算結果82をnumに代入します。これでif文の処理は終了です。

　最後に「numを出力する」により、numの82が出力結果として表示されます（**エ**）。

　条件式「numを2で割った余りが0と等しい」は、言い換えると「numが偶数である」ということです。偶数とは2の倍数なので、2で割ると必ず余りは0になります。このように、プログラミングで偶数と奇数を判別したいときは、2で割った余りに注目し、余りが0なら偶数、そうでなければ（余りが1であれば）奇数と判定します。

正解 ▶▶ エ

関連ページ ▶ P.38, 62, 88

関連ページ ▶ P.38, 62, 88

問題 04

if 文の問題②
～and と or～

問題

次のプログラムは，変数nが100以上200未満のとき，100を引くプログラムである。空欄aにあてはまる字句として，適切なものを選びなさい。

〔プログラム〕

```
整数型: n
n ← 169

if ( ┌──── a ────┐ )
    n ← n − 100
endif
```

ア (nが100以上) and (nが200より小さい)

イ (nが100以上) or (nが200より小さい)

ウ (nが100以上) and (nが200以下)

エ (nが100以上) or (nが200以下)

Hint ≫ and と or の違いをきちんと把握しよう

▶ 空欄aが問題文のどこにあてはまるかを考える

▶ andは「かつ」、orは「または」

▶ 「100以上」なら100を含み、「200未満」なら200を含まない

解説

　1行目と2行目は変数の宣言と代入なので、3行目から確認していきましょう。

〔プログラム〕

```
if (　　a　　)
    n ← n − 100
endif
```

❶ aで「変数nが100以上200未満か」を判定すればよさそうだね

　問題文には「変数nが100以上200未満のとき，100を引く」と記述されています。「100を引く」は、プログラムの「n ← n−100」に該当しそうなので、aには「変数nが100以上200未満か」を判定する条件式があてはまりそうです。

　「変数nが100以上200未満」は「変数nが100以上、かつ変数nが200より小さい」という意味です。「未満」は「より小さい」と同じ意味で、この場合、200を含まない200より小さい数（199以下）を指します。「かつ」でつなぐのは、「変数nが100以上」と「変数nが200より小さい」の両方とも正しい必要があるからです。

　「かつ」はandに対応するので、2つの条件式をandでつないだ「(nが100以上) and (nが200より小さい)」（ア）が正しいです。

❷ 2つの条件の重なる部分がandなんだね

　一方、orは「または」の意味で、たとえば「nが100未満、またはnが200以上」など、ある数字nが100未満であるか、200以上であるかのどちらか一方を満たせばよいときに使います。orを使うと、「(nが100未満) or (nが200以上)」と表せます。

❸ orは2つの条件を合わせた部分に対応するよ

　プログラムを実行した際のnについても考えてみましょう。nには169が入っており、100以上200未満の範囲にあるので、ifの処理を実行します。「n−100＝169−100＝69」と計算され、計算結果69が再びnに代入されます。

正解 ▶▶ ア

関連ページ ▶ P.59, 60, 64

問題
05

if 文の問題③
～ if と elseif ～

問題

次のプログラムでは，変数numが0，正，負のいずれかを判定する。空
欄a, bにあてはまる字句として，適切なものを選びなさい。

〔プログラム〕

```
整数型: num
num ← −6

if (        a        )
    "0です"と出力する
elseif (        b        )
    "正です"と出力する
else
    "負です"と出力する
endif
```

	a	b
ア	numが0と等しい	numが0より小さい
イ	numが0と等しい	numが0より大きい
ウ	numが0より小さい	numが0より大きい
エ	numが0より大きい	numが0と等しい

Hint ⟫⟫ if や else の日本語訳を思い出してみよう

▶ ifは「もし」、elseは「そうでなければ」

▶ elseifはelse＋ifなので「そうではなく、もし」

▶ elseifの条件式を見るのは、ifの条件式にあてはまらなかったとき

elseifを使い、少し複雑なif文を解く練習をしましょう。

〔プログラム〕

```
if (    a    )
    "0です"と出力する
elseif (    b    )
    "正です"と出力する
else
    "負です"と出力する
endif
```

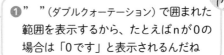

❶ " "（ダブルクォーテーション）で囲まれた範囲を表示するから、たとえばnが0の場合は「0です」と表示されるんだね

❷ そう。" "で囲まれたものはすべて文字とみなされるから、仮に「"num"と表示する」を実行すると、－6ではなく「num」という文字自体が表示されるんだ

まず、aの条件式にあてはまる場合、「"0です"と出力する」処理を実行するので、aには「numが0と等しい」（アかイ）を入れるとよいでしょう。そうすれば、numが0のとき、ifの処理が実行され、「0です」が表示されます。

次のelseifでは、numが0でなかった場合に対し、2つめの条件式を設定できます。bの条件式にあてはまる場合、「"正です"と出力する」処理を実行するので、bにはnumが正の数であることを判定する条件式が入ります。正の数とは、0より大きい数字のことなので、bには「numが0より大きい」（イ）を入れるとよいでしょう。

これで正解が出ましたが、elseについても考えてみましょう。aにもbにもあてはまらない場合、一番下のelseに流れ着きます。ここでは、numが0でも正でもない場合、つまりnumが負の（0より小さい）数の場合にelseの処理が実行されます。ですから、numが負の数の場合にも、正しく「負です」と出力されることになります。

if文は、下表のように日本語で読んでみると、直感的に理解しやすいです。

if (numが0と等しい)
　　"0です"と出力する
elseif (numが0より大きい)
　　"正です"と出力する
else
　　"負です"と出力する
	もしnumが0と等しければ
	　　「0です」と表示
	そうではなく、もしnumが0より大きければ
	　　「正です」と表示
	そうでなければ
	　　「負です」と表示

正解 ▶▶ イ

Chap.4 練習問題

関連ページ ▶ P.40, 70, 96

問題 06 for文の問題
~シンプルなfor文~

問題

次のプログラムを実行したとき，出力されるものを順番に並べたものとして，適切なものを選びなさい。

〔プログラム〕

```
整数型: i
for (iを2から8まで3ずつ増やす)
  i×4を表示する
endfor
```

ア　2, 5, 8
イ　8, 20, 32
ウ　2, 3, 4, 5, 6, 7, 8
エ　8, 12, 16, 20, 24, 28, 32

Hint ≫ トレースして考えよう

▶ 繰返し構造では、特にトレースを重視しよう

▶ forのループ1周ごとにトレース表に書く

▶ iを3ずつ増やすと、i×4は12ずつ増えていく

解説

実際の試験では、必ずといっていいほど繰返し構造が出題されます。

繰返し構造には、ほぼ確実に解ける必勝法があります。それはトレースをすることです。繰返し構造にはトレースが非常に有効です。

〔プログラム〕

```
for (iを2から8まで3ずつ増やす)
  i×4を表示する
endfor
```

まずは「iを2から8まで3ずつ増やす」を正しく解釈しましょう。これは、iに2を入れ、3を足していきながら、8まで変化させるという意味です。これをトレース表に書いてみましょう。

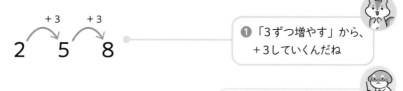

❶「3ずつ増やす」から、+3していくんだね

番号	i	i×4
①	2	8
②	5	20
③	8	32

❷番号欄は説明のためのものだから、問題を解くときには書かなくていいよ

for文に関わる変数をトレース表に書きます。ここでは、制御記述に出てくる変数「i」と、出力する「i×4」の変化を列挙していきます。

①最初はiに2を入れます。このとき、i×4＝2×4＝8が出力されます。

②2周目はiに3を足します。iは5になり、i×4＝5×4＝20が出力されます。

③3周目もiに3を足します。iは8になり、i×4＝8×4＝32が出力されます。iが8になった時点で繰返し処理が終了します。

出力されるものを順番に並べると、8, 20, 32となります（**イ**）。

このように、繰返し構造はトレースすることがセオリーです。トレースの弱点は時間がかかることですが、もし慣れてきたら、簡単なものなら頭のなかでトレースしてみてください。書く量を減らすことで、解く時間も早くなっていきます。

正解 ▶▶ **イ**

関連ページ ▶ P.40, 66, 72

問題
07

while 文の問題
〜シンプルな while 文〜

問題

次のプログラムを実行したとき，出力されるものとして，適切なもの
を選びなさい。

〔プログラム〕

```
整数型: i
i ← 7
while (iが0より大きい)
  i ← i−3
endwhile
iを出力する
```

ア −2　　**イ** 0　　**ウ** 1　　**エ** 3

Hint ⟫⟫ 繰返し構造と来たらトレース

▶ while文も繰返し構造なので、トレースをする

▶ 「iが0より大きい」か確認→「i ← i−3」の実行、の順に処理される

▶ iの値が負になったときの動作に注意

繰返し構造の2つめとして、while文の問題です。while文はfor文よりトレースの重要度が高いといえます。

〔プログラム〕

```
while (iが0より大きい)
  i ← i−3
endwhile
```

番号	i（代入前）	i（代入後）
①	7	4
②	4	1
③	1	−2
④	−2	

「i ← i−3」の右のiが代入前、左のiが代入後だよ

今回はiしか変数が登場しないので、iの変化を追いましょう。代入前と代入後で列を分けていますが、いずれかを省略してもかまいません。while文の前に「i ← 7」を行っているので、iに7が入っている状態からスタートです。

① while文の1行目に条件式「iが0より大きい」があり、「iが0より大きければwhileの処理を実行する」という意味です。現在、iは7で0より大きいので、「i ← i−3」を実行します。つまり、「7−3＝4」の計算結果4が再びiに入ります。

② while文の1行目に戻り、「iが0より大きい」かを確認します。現在、iは4で0より大きいので、whileの処理を実行します。つまり、「4−3＝1」の計算結果1が再びiに入ります。

③ while文の1行目に戻り、「iが0より大きい」かを確認します。現在、iは1で0より大きいので、whileの処理を実行します。つまり、「1−3＝−2」の計算結果−2が再びiに入ります。

④ while文の1行目に戻り、「iが0より大きい」かを確認します。現在、iは−2で0より小さいので、ここでwhileの処理が終了します。したがって、次のendwhileの処理を実行します。

したがって、「iを出力する」とき、iには−2が入っているので、−2が出力されます（**ア**）。

正解 ▶▶ **ア**

関連ページ ▶ P.44, 70, 82

問題
08

for 文と if 文の融合
~最大値を求める~

問題

次のプログラムを実行したとき，出力されるものとして，適切なものを選びなさい。ここで，配列の要素番号は1から始まる。

〔プログラム〕

```
整数型の配列: array ← {10, 20, 15}
整数型: max, i
max ← array[1]
for (iを1から(arrayの要素数)まで1ずつ増やす)
  if (array[i]がmaxより大きい)
    max ← array[i]
  endif
endfor
maxを出力する
```

ア 10　　**イ** 20　　**ウ** 15　　**エ** 10, 20, 15

Hint ≫ 繰返し構造→トレース！

▶ 繰返しと選択の構造が混ざっていても、トレースで解ける

▶ for文でループするごとに、if文での条件チェックが入る

▶ 配列の要素数は、配列に入った数字の個数

解説

〔プログラム〕

```
max ← array[1]
for (iを1から(arrayの要素数)まで1ずつ増やす)
  if (array[i]がmaxより大きい)
    max ← array[i]
  endif
endfor
```

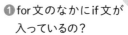

❶for文のなかにif文が入っているの？

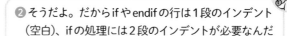

❷そうだよ。だからifやendifの行は1段のインデント（空白）、ifの処理には2段のインデントが必要なんだ

　まず1行目「max ← array[1]」で、変数maxにarrayの1番目の10を入れます。for文の「arrayの要素数」とは、arrayに入っている数字の個数のことで、現在は「array ← {10, 20, 15}」で3つあります。つまり、iは1から3まで1, 2, 3と変化します。

　それでは、トレース表を書いてみましょう。

	i	array[i]	max（代入前）	max（代入後）
①	1	10	10	10
②	2	20	10	20
③	3	15	20	20

① if文の動作を見てみましょう。iが1のとき、array[i]はarray[1]、つまり10です。また、maxにも10が入っています。したがって、if文の条件式は「10が10より大きい」となります。しかし、10は10より大きくない（「10より大きい」は10を含まない）ので、ifの処理は実行されません。

② iが2のとき、array[i]はarray[2]、つまり20です。また、maxは10のままです。したがって、if文の条件式は「20が10より大きい」となります。これは正しいので、ifの処理を実行しましょう。「max ← array[i]」とあるので、変数maxにarray[2]、つまり20を入れます。

③ iが3のとき、array[i]はarray[3]、つまり15です。maxには処理②の実行後、20が入っています。したがって、if文の条件式は「15が20より大きい」となります。これは正しくないので、ifの処理は実行されません。maxは20のままです。

　したがって、最終的に出力されるmaxは20となります（イ）。

　ちなみに、maxという変数名から予想できるとおり、このプログラムは配列内の要素の最大値を求めるものです。

正解 ▶▶ イ

関連ページ ▶ P.44, 77, 82

関連ページ ▶ P.44, 77, 82

問題 09 配列の応用
~末尾に追加する~

問題

次のプログラムを実行したとき，出力されるものとして，適切なもの
を選びなさい。ここで，配列の要素番号は1から始まる。

〔プログラム〕

```
文字列型の配列: array1, array2
整数型: i
array1 ← {"佐藤", "鈴木"}
array2 ← {"高橋", "田中"}
for (iを1から(array2の要素数)まで1ずつ増やす)
  array1の末尾にarray2[i]の値を追加する
endfor
array1のすべての要素を先頭から順にコンマ区切りで出力する
```

ア　佐藤, 鈴木

イ　高橋, 田中

ウ　佐藤, 鈴木, 高橋, 田中

エ　佐藤, 鈴木, 田中, 高橋

Hint ≫≫ 配列や文字列型の扱いに注意

▶ 文字列型では配列に文字列しか入れられない

▶ array1とarray2を見間違えないようにする

▶ 配列の末尾に追加すると、配列が伸びていく

解説

まず配列の型として「文字列型」が宣言されているので、array1やarray2には文字列（" "内が文字列とみなされる）しか入れることができない点に注意しましょう。

〔プログラム〕
```
for (iを1から(array2の要素数)まで1ずつ増やす)
    array1の末尾にarray2[i]の値を追加する
endfor
array1のすべての要素を先頭から順にコンマ区切りで出力する
```

for文の「array2の要素数」とは、array2に入っている要素の個数のことです。array2には"高橋"と"田中"が入っているので要素数は2。つまり、iは1, 2と変化します。

	i	array2[i]	array1（追加前）	array1（追加後）
①	1	"高橋"	"佐藤", "鈴木"	"佐藤", "鈴木", "高橋"
②	2	"田中"	"佐藤", "鈴木", "高橋"	"佐藤", "鈴木", "高橋", "田中"

① iが1のとき、「array1の末尾にarray2[i]の値を追加する」を実行します。iが1なので、array2[i]はarray2の要素番号1「"高橋"」を意味します。つまり、array1の末尾に"高橋"を追加するということです。array1は{"佐藤", "鈴木"}で、この末尾に"高橋"をくっつけると、array1は{"佐藤", "鈴木", "高橋"}となります。このように、「末尾に追加する」を実行すると、配列の要素数が増加します。

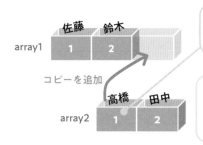

❶array2[1]と書いたら、array2の1番目の要素と同じになるんだよね？

❷うん。array2[i]のように要素番号としてiを指定すると、iが変わるたびに要素を変えることができるんだよ

② iが2のとき、array2[i]はarray2[2]、つまり"田中"です。これをarray1の末尾に追加します。現在、array1は{"佐藤", "鈴木", "高橋"}なので、"田中"を追加すると{"佐藤", "鈴木", "高橋", "田中"}となります。ここで、iがarray2の要素数の2と同じになったので、for文が終了します。したがって、最終的にarray1のすべての要素を先頭から順にコンマ区切りで出力すると、「佐藤, 鈴木, 高橋, 田中」（**ウ**）と表示されます。

正解 ▶▶ **ウ**

関連ページ ▶ P.48, 50, 78

問題
10

関数の作成
～平均を計算する～

問題

関数meanは，2つの実数を引数x, yで受け取り，その平均を戻り値として返す。プログラム中のa, bに入れる字句の組合せとして，適切なものを選びなさい。

〔プログラム〕

○実数型: mean (実数型: x，実数型: y)

実数型: sum，mean

sum ← ☐ a

mean ← sum ÷ ☐ b

return mean

	a	b
ア	x + y	1
イ	x − y	1
ウ	x + y	2
エ	x − y	2

Hint ⟫⟫ 関数は試験問題で頻出！

▶ 関数は「引数を入れると戻り値が出てくる」

▶ 引数xとyは関数内で自由に使える

▶ meanが戻り値として出力される

実際の試験問題では「関数の中身を書いてみよう！」という問題がほとんどです。ですので、ここでそういった形式の問題に慣れておきましょう。

〔プログラム〕

〇実数型: mean (実数型: x, 実数型: y)

　実数型: sum, mean

　sum ← 　　a　　

　mean ← sum ÷ 　　b　　

　return mean

関数には「作成」と「使用」の工程がありますが、今回は「作成」です。1行目は関数の宣言で、今からつくる関数の名前などを書きます。具体的には次の形式です。

〇戻り値の型: 関数名（引数）

関数は「何かを入れると何かが出てくる」というもので、引数を入れると戻り値が出てきます。

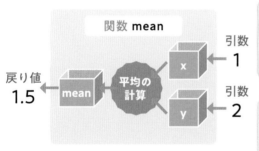

❶ 関数に引数を入れることで、xとyに数字を代入したことになるんだね

❷ 引数x, yや、変数sum, meanなどは関数mean内でのみ使用できるよ

ここでは、引数として2つの実数を入力すると、それを平均した値が戻り値として出力されることになります。プログラムでは、引数として実数型の変数xとyを用意しています。これは変数の宣言と似ていて、xとyはプログラム内で使えます（ただし、関数の宣言からreturnまでの間だけ）。xとyには、引数として入力された数字（ここでは1と2）が代入されます。あとはそのxとyを使って計算し、その平均をmeanに入れて、最後の行でreturn meanを実行して関数の外に出します。

平均の計算方法は$(x + y) ÷ 2$です。プログラムでは、それを2段階に分けて計算しており、次のようになります（**ウ**）。

　sum ← x + y

　mean ← sum ÷ 2

正解 ▶▶ ウ

119

関連ページ ▶ P.48, 50, 80

問題
11

関数の呼出し
～関数 mean の使用～

問題

次のプログラムでは，P.118の平均を戻り値として返す関数meanを使用している。プログラムを実行したとき，a, bに入っている値の組合せとして，適切なものを選びなさい。

〔プログラム〕

実数型: a, b
a ← mean (6, 2)
b ← mean (mean (4, 10), 2)

	a	b
ア	8	7
イ	4	4.5
ウ	8	4.5
エ	4	7

Hint ⟫⟫ 関数の呼出し方法をきちんと把握しよう

▶ 関数の呼出しでは、引数を必要な数だけ指定する

▶ 関数を戻り値で置き換えるとわかりやすい

▶ 関数に関数を入れたときは、内側から処理していく

ここでは関数meanを「使用」してみましょう。プログラム中のmeanの中身は、**P.118**と同じと考えてください。中身を知らなくても解けます。

〔プログラム〕

a ← mean (6, 2)
b ← mean (mean (4, 10), 2)

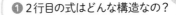

❶2行目の式はどんな構造なの?

❷関数meanのなかに関数meanが入っている構造。mean (4, 10)を1つの塊と考えるとわかりやすいかな?

1行目「mean (6, 2)」では6と2の平均を計算します。つまり、「(6＋2)÷2＝4」で、計算結果4が関数から出てくるということですね。

前回のプログラムとの関係で考えてみると、6, 2が引数x, yに代入され、平均が計算されます。そしてreturn meanとすることで、変数meanに入っていた4が、今回のプログラムの関数meanから出てきます。

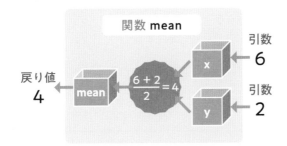

関数 mean

戻り値 4 ← mean | $\frac{6＋2}{2}＝4$ | x ← 6 引数

y ← 2 引数

「出てきた」というより、「関数全体が4に置き換わった」と考えるとわかりやすいでしょう。つまり、「a ← 4」になったとみなすのです。このことから、4がaに代入されることがわかります。

2行目ではmeanが2つも出てきます。これは、内側のmean (4, 10)の結果を使い、外側のmeanを計算すればよいです。内側を計算すると、「(4＋10)÷2＝7」です。そして、mean (4, 10)が7に置き換わったと考えると、次のようにみなせます。

b ← mean (7, 2)

あとは外側のmeanを計算すると、「(7＋2)÷2＝4.5」です。そして、meanが4.5に置き換わったと考えると、「b ← 4.5」となり、bに4.5が代入されます。

したがって、最終的にaには4、bには4.5が入っていること（イ）になります。

正解 ▶▶ イ

関連ページ ▶ P.44, 70, 92

問題
12

未定義
〜基本情報技術者のみ〜

問題

次のプログラムを実行したとき，arrayの要素数と，出力される数字の個数の組合せとして，適切なものを選びなさい。

〔プログラム〕

```
整数型の配列: array
整数型: i
array ← {1, 未定義の値, 3}
for (iを1から(arrayの要素数)まで1ずつ増やす)
  if (array[i]が未定義でない)
    array[i]を出力する
  endif
endfor
```

	arrayの要素数	出力される数字の個数
ア	2	1
イ	2	2
ウ	3	2
エ	3	3

Hint ⟫⟫ 未定義の特殊なふるまいを押さえる

▶ 未定義は、「空っぽ」の変数のこと

▶ 「未定義の値」が入った変数が、未定義の変数である

▶ 要素数には、未定義の変数もカウントされる

解説

変数が空っぽの状態を「未定義」といいます。変数を宣言してすぐの状態や、変数に「未定義の値」を入れたときに、変数は未定義となります。配列の要素に未定義の値を入れることもできます。すると、配列arrayは下図のようなイメージです。

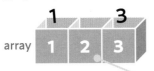

array

〔プログラム〕
```
array ← {1, 未定義の値, 3}
for (iを1から(arrayの要素数)まで1ずつ増やす)
  if (array[i]が未定義でない)
    array[i]を出力する
  endif
endfor
```

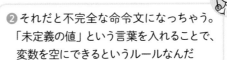

❶ 変数numを空っぽにしたいなら、未定義の値を使わず「num ←」って書けばいいんじゃない？

❷ それだと不完全な命令文になっちゃう。「未定義の値」という言葉を入れることで、変数を空にできるというルールなんだ

未定義があっても、空の箱は用意されている状態なので、要素数にカウントされます。つまり、arrayの要素数は3で、for文でiは1, 2, 3と変化します。

番号	i	array[i]
①	1	1
②	2	未定義の値
③	3	3

「未定義」とは、「未定義の値が入っている状態」です。逆に、それ以外の普通の値が入っている状態は「未定義でない」といえます。

① array[1]は1で、未定義でないので、if文の処理が実行されて出力されます。
② array[2]は未定義であり、「未定義でない」を満たさず、if文の処理は実行されません。
③array[3]は3で、未定義でないので、if文の処理が実行されて出力されます。
　したがって、出力されるのは1と3の2つです。
　まとめると、arrayの要素数は3、出力される数字の個数は2つ（**ウ**）です。

正解 ▶▶ **ウ**

▶Chap.4 のまとめ

トレース

- [✓] トレースとは、プログラムの実行後の変化を、1行ずつ順番に追って確認していくこと
- [✓] プログラムの実行後の変化を表にまとめたものをトレース表という
- [✓] トレース表には、変数の名前とその値を書くとよい

問題を解くためのコツ

- [✓] 選択肢の全パターンを試してみて、正しい答えになるものを選ぶ
- [✓] if 文の処理を理解するときは、日本語に訳してみる
- [✓] 繰返し構造には、トレースが有効である
- [✓] 関数内で宣言した変数は、その関数のなかでしか使えない

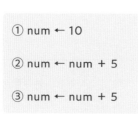

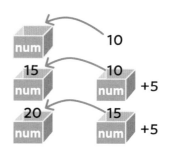

トレース表	num
①	10
②	15
③	20

Chap. 5

ITパスポートの問題

Chap.5では、ITパスポートの実際の試験で出題された問題を
解いてみましょう。複雑そうに見える問題でも、問題文をよ
く読み、プログラムを順番に理解していけば解けます。プロ
グラムに具体的な値を入れてトレースしたり、選択肢をあて
はめたりして正解を導き出しましょう。

関連ページ ▶ P.50, 70, 78

問題 01 整数の総和

（令和5年度ITパスポート試験 公開問題 問64より）

問題

関数sigmaは，正の整数を引数maxで受け取り，1からmaxまでの整数の総和を戻り値とする。プログラム中のaに入れる字句として，適切なものはどれか。

〔プログラム〕

```
○整数型: sigma (整数型: max)
    整数型: calcX ← 0
    整数型: n
    for (nを1からmaxまで1ずつ増やす)
        a
    endfor
    return calcX
```

ア calcX ← calcX × n

イ calcX ← calcX + 1

ウ calcX ← calcX + n

エ calcX ← n

Hint ⟫ 空欄 a の4パターンをすべて試してみる

▶ 問題文を読み、関数sigmaの動作をイメージする

▶ maxには、自分の好きな数字を入れてみる

▶ 空欄aに全パターンをあてはめ、トレースしてみる

　Chap.5では実際の過去問題に挑戦してみましょう！　まずは問題文を読み、今回のプログラムで何がしたいのか、どんな動作をするのか、イメージをつかみましょう。今回は1からmaxまでの整数をすべて足し、その和を関数から出力すると、問題文から読み取れます。具体的に見てみましょう。

　　sigma(4)

この値は10になります。なぜなら、1〜4の和は1＋2＋3＋4＝10だからです。そのほか、次の値はどうなるでしょうか。

　　sigma(10)

この値は55です。1＋2＋3＋……＋10＝55となるからです。それでは、この動作を頭に入れた状態で、プログラムを確認していきましょう。

〔プログラム〕

```
○整数型: sigma (整数型: max)
　整数型: calcX ← 0
　整数型: n
　for (nを1からmaxまで1ずつ増やす)
　　┌─────────┐
　　│    a    │
　　└─────────┘
　endfor
　return calcX
```

> for文の変数にはよくiを用いるけれど、今回のnのように別の変数でもOKだよ

●下準備

　1行目は関数の宣言です。1行目を見れば、「戻り値は整数なんだな」「関数の名前はsigmaなんだな」「関数sigmaのなかで引数maxを使うんだな」という3つのことが読み取れますね。

　ちなみに「sigma」という名前は、ギリシャ文字の「σ（シグマ）」のことで、英語の「s」に対応します。このsは、和を意味する英語「sum」の頭文字です。

　話を戻して、引数maxについてです。maxにはプログラム中で数字が代入されることはありません。なぜならmaxには、関数の「使用」のときに引数が代入されるからです。たとえば関数sigmaを使用するとき、sigma(4)ならmaxに4が代入されます。ですから、プログラム中ではmaxに代入する命令文はありません。

　しかし、問題を解くときには具体的な数字が入っていたほうがわかりやすいです。ですから、引数に具体的な数字を勝手に入れて解いていきましょう。ここではmaxに4を代入したとして解いていきます。

　そして、2行目でcalcXに0を代入し、3行目で変数nを宣言しています。ここまでが下準備です。

●プログラムの動作

ここからがメインの、足し算をするプログラムを確認していきます。for文があるので、トレースをしながら考えていきましょう。

4行目のfor文の条件式は「nを1からmaxまで1ずつ増やす」となっています。現在、maxには4が入っていると仮定しているので、nは1, 2, 3, 4と変化します。

それでは、早速トレースをしましょう！ ……と言いたいところですが、ここではfor文の処理が空欄aになっています。こんなとき簡単に解く方法は、選択肢の全パターンを試してみることです。最終的にcalcXが戻り値になるので、calcXが足し算の結果10になったら、それが正解ということです。

①アの場合（calcX ← calcX × n）

n	calcX（代入前）	calcX（代入後）
1	0	0
2	0	0
3	0	0
4	0	0

n＝1のとき、calcXが0だから、calcX × n＝0 × 1＝0。これをcalcXに代入するんだね

代入を繰り返してもcalcXはずっと0のままになっています。当然ですが、これは不正解です。

②イの場合（calcX ← calcX ＋ 1）

n	calcX（代入前）	calcX（代入後）
1	0	1
2	1	2
3	2	3
4	3	4

calcXが10になってほしいのですが、nに4を入れた終了時点でcalcXは4です。したがって、これも不正解です。

③ウの場合（calcX ← calcX + n）

n	calcX（代入前）	calcX（代入後）
1	0	1
2	1	3
3	3	6
4	6	10

　nに4を入れた終了時点でcalcXは10となり、正しそうです。しかし、念のためエの場合も確認しておきましょう。

④エの場合（calcX ← n）

n	calcX（代入前）	calcX（代入後）
1	0	1
2	1	2
3	2	3
4	3	4

　nに4を入れた終了時点でcalcXは4となり、10にはなりませんでした。したがって、これは不正解です。

　以上より、nに4を入れた時点でcalcXが10となったのは**ウ**だけなので、正解は**ウ**といえます。
　　①引数maxに具体的な値を入れる
　　②選択肢の全パターンを試してみる
この方法を行えば、正解にたどり着きます。

　ここでは引数maxに4を入れてみましたが、別の数字ではうまく正解にたどり着けないことがあります。たとえば、引数maxに1を入れた場合を考えてみましょう。sigma(1)＝1なので、calcXが1となるものが正解、……と言いたいところですが、aに選択肢の全パターンを入れてみると、次のようになります。
　　ア：0、イ：1、ウ：1、エ：1
　イ、ウ、エの結果がどれも1になってしまいます。このように、maxに入れる値によって正解が絞り込めないことがあります。そんなときは、maxに別の値を入れてトレースをしなおす必要があります。

正解 ▶▶ ウ

関連ページ▶ P.70, 78, 80

問題 02 calcX と calcY

（令和4年度ITパスポート試験 公開問題 問96より）

問題

関数calcXと関数calcYは，引数inDataを用いて計算を行い，その結果を戻り値とする。関数calcXをcalcX(1)として呼び出すと，関数calcXの変数numの値が，1 → 3 → 7 → 13と変化し，戻り値は13となった。関数calcYをcalcY(1)として呼び出すと，関数calcYの変数numの値が，1 → 5 → 13 → 25と変化し，戻り値は25となった。プログラム中のa, bに入れる字句の適切な組合せはどれか。

〔プログラム1〕

```
○整数型: calcX（整数型: inData）
  整数型: num, i
  num ← inData
  for (iを1から3まで1ずつ増やす)
    num ←   a  
  endfor
  return num
```

〔プログラム2〕

```
○整数型: calcY（整数型: inData）
  整数型: num, i
  num ← inData
  for (   b   )
    num ←   a  
  endfor
  return num
```

	a	b
ア	2×num＋i	iを1から7まで3ずつ増やす
イ	2×num＋i	iを2から6まで2ずつ増やす
ウ	num＋2×i	iを1から7まで3ずつ増やす
エ	num＋2×i	iを2から6まで2ずつ増やす

Hint 》》 解く順番に気をつける

▶ 問題文で与えられた引数を使う

▶ まずプログラム1について考えてみる

▶ プログラム1の結果を用いてプログラム2を解く

解説

　問題文がそこそこ長いうえ、プログラムが２つもあるので、難しく感じるかもしれませんが、落ち着いて考えれば大丈夫です。よく読んでみると、どうやら問題文の３行目まででcalcXの話が終わっているようです（３行目の「関数calcYを～」からはcalcXという言葉が出てきません）。ですので、先にプログラム1だけに注目して考えればよさそうです。空欄を見ても、プログラム1で空欄aを求め、プログラム2に空欄aをあてはめたうえで空欄bを求める、という流れが自然です。

〔プログラム1〕

```
○整数型: calcX (整数型: inData)
  整数型: num, i
  num ← inData
  for (iを1から3まで1ずつ増やす)
    num ←   a
  endfor
  return num
```

　問題01（**P.126**）では関数の問題を解くとき、「引数に具体的な値を入れる」と解きやすいという説明をしました。しかし、今回は引数として1が与えられているので、それを使いましょう。すなわち、引数inDataに1を入れた状態からスタートです。

　次に「num ← inData」で、inDataに入れた1をnumに代入しているので、numにも1が入ります。

　calcX(1)を実行すると「変数numの値が1→3→7→13と変化し、最後の13が戻り値として出力された」ことが問題文に書かれています。

　プログラムでは、次のことに注目します。

　　・繰返し構造（for文）がある

　　・aが空欄になっている

このことから、空欄aに選択肢の全パターンを入れてトレースしてみましょう（といっても２パターンのみ）。for文のiは「1から3まで1ずつ増やす」ので、1, 2, 3と変化します。

①ア、イの場合（2×num＋i）

i	num（代入前）	num（代入後）
1	1	3
2	3	8
3	8	19

　iに1を入れると、2×num＋i＝2×1＋1＝3となり、それを再びnumに代入します。以降も同様で、次のようになります。

　　iに2を入れると、2×num＋i＝2×3＋2＝8

　　iに3を入れると、2×num＋i＝2×8＋3＝19

　つまり、numの値が1→3→8→19と変化するので不正解です。

②ウ、エの場合（num＋2×i）

i	num（代入前）	num（代入後）
1	1	3
2	3	7
3	7	13

　　iに1を入れると、num＋2×i＝1＋2×1＝3

　　iに2を入れると、num＋2×i＝3＋2×2＝7

　　iに3を入れると、num＋2×i＝7＋2×3＝13

　つまり、numの値が1→3→7→13と変化するので正解です。

　したがって、aはnum＋2×iであることがわかり、ウかエに絞ることができました。これを踏まえ、プログラム2を見てみましょう。

〔プログラム2〕

```
○整数型: calcY(整数型: inData)
  整数型: num, i
  num ← inData
  for ( [    b    ] )
    num ← [    a    ]
  endfor
  return num
```

❶プログラム2のinData, num, i は、プログラム1と完全に別のものだから注意してね

❷関数のなかで宣言された変数は、ほかの関数から独立しているんだね

1を引数としてcalcY(1)を実行すると、「変数numの値が1→5→13→25と変化し、最後の25が戻り値として出力された」ことが問題文に書かれています。やはりfor文が関係するので、ウとエを1つずつあてはめてトレースをしましょう。3行目のnum ← inDataから、numに引数inData(1)が代入された状態からスタートです。

①ウの場合（a：num＋2×i、b：iを1から7まで3ずつ増やす）

i	num（代入前）	num（代入後）
1	1	3
4	3	11
7	11	25

iは1、4、7と3ずつ増えながら、7まで変化します。

このとき、numの値は1→3→11→25と変化するので不正解です。実際の試験では時間短縮のため、この時点でエと解答して次の問題に進んでもよいでしょう。

②エの場合（a：num＋2×i、b：iを2から6まで2ずつ増やす）

i	num（代入前）	num（代入後）
2	1	5
4	5	13
6	13	25

iは2、4、6と2ずつ増えながら、6まで変化します。
このとき、numの値は1→5→13→25と変化するので正解です。

以上より、正解はエに決まります。
ウとエの判別では、結果的にfor文の1周目だけ（表の一番上の行だけ）確かめれば、正解にたどり着けます。なぜなら、ウでiが1のとき、numが3となった時点で不正解と判断できるからです（計算ミスがない限り）。もちろん、iが4や7の場合をすべて調べたほうが確実です。

正解 ▶▶ エ

関連ページ ▶ P.62, 70, 82

問題 03 バブルソート

（令和5年度ITパスポート試験 公開問題 問60より）

問題

手順printArrayは，配列integerArrayの要素を並べ替えて出力する。手続printArrayを呼び出したときの出力はどれか。ここで，配列の要素番号は1から始まる。

〔プログラム〕
○printArray()
　　整数型: n, m
　　整数型の配列: integerArray ← {2, 4, 1, 3}
　　for (nを1から (integerArrayの要素数 − 1) まで1ずつ増やす)
　　　for (mを1から (integerArrayの要素数 − n) まで1ずつ増やす)
　　　　if (integerArray[m] > integerArray[m + 1])
　　　　　　integerArray[m]とintegerArray[m + 1]の値を入れ替える
　　　　endif
　　　endfor
　　endfor
　　integerArrayの全ての要素を先頭から順にコンマ区切りで出力する

ア 1, 2, 3, 4　　**イ** 1, 3, 2, 4
ウ 3, 1, 4, 2　　**エ** 4, 3, 2, 1

Hint ≫≫ nとmの値に注意してトレースしよう

▶ 引数や戻り値がないので、単純にトレースを行う

▶ 外側のfor文のループ1回につき、内側のfor文が複数回ループする

▶ nの値によりmの値の範囲が変わることに注意

解説

　プログラムを見るとわかりますが、この問題ではfor文のなかにfor文、さらにそのなかにif文が入っています！　しかし、この問題は空欄を埋めるのではなく、実行したらどうなるかを聞いているだけなので、トレース一発で終わります。

〔プログラム〕

```
○printArray()
    整数型: n, m
    整数型の配列: integerArray ← {2, 4, 1, 3}
    for (nを1から (integerArrayの要素数－1) まで1ずつ増やす)
        for (mを1から (integerArrayの要素数－n) まで1ずつ増やす)
            if (integerArray[m] > integerArray[m＋1])
                integerArray[m]とintegerArray[m＋1]の値を入れ替える
            endif
        endfor
    endfor
    integerArrayの全ての要素を先頭から順にコンマ区切りで出力する
```

❶関数の宣言がいつもと違うような？

❷戻り値と引数が書かれていないんだ。戻り値がないから、これは関数のうちの「手続」というものだよ

　integerArrayの要素数は4なので、4行目の（外側の）for文の条件式におけるnは1, 2, 3と変化します。一方、5行目の（内側の）for文の条件式におけるmは、nの値によって変化する範囲が変わります。先に完成したトレース表をお見せします。

番号	n	m	integerArray（入替前）	if文の条件	integerArray（入替後）
①	1	1	2, 4, 1, 3	F	2, 4, 1, 3
②	1	2	2, 4, 1, 3	T	2, 1, 4, 3
③	1	3	2, 1, 4, 3	T	2, 1, 3, 4
④	2	1	2, 1, 3, 4	T	1, 2, 3, 4
⑤	2	2	1, 2, 3, 4	F	1, 2, 3, 4
⑥	3	1	1, 2, 3, 4	F	1, 2, 3, 4

　　if文の条件（表の5列目）に書かれているTやFは、それぞれtrue（真）とfalse（偽）の頭文字です。if文の条件式にあてはまる（if文の処理を実行する）ときはT、あてはまらない（if文の処理を実行しない）ときはFです。

① nに1を入れると、内側のfor文のmは「要素数−n」までなので、「1」から「4−1＝3」まで変化します。つまり、mは1, 2, 3と変化します。
　まずはmに1を入れる場合を考えてみましょう。
　if文の条件式は「integerArray[m] ＞ integerArray[m＋1]」となっています。mに1を入れると、「integerArray[1] ＞ integerArray[2]」となります。つまり、「integerArrayの1番目が2番目より大きいとき、if文の処理を実行する」という意味です。
　このとき、integerArray[1]が2、integerArray[2]が4（2＜4）であり、条件式にあてはまりません。したがって、if文の処理は実行されません。8行目のendif、9行目のendforに到達したあと、再び5行目の（内側の）for文に戻ります。

② nが1のまま、mに2を入れると、「integerArray[2] ＞ integerArray[3]」となります。現在の数字では、integerArray[2]が4、integerArray[3]が1（4＞1）であり、条件式にあてはまります。したがって、if文の処理が実行され、integerArray[2]とintegerArray[3]の数字を入れ替え、4と1を交換します。

③ nが1のまま、mに3を入れると、「integerArray[3] ＞ integerArray[4]」となります。現在の数字では、integerArray[3]が4、integerArray[4]が3（4＞3）であり、if文の処理が実行され、integerArray[3]とintegerArray[4]の数字を入れ替え、3と4を交換します。

④ mが3に到達したので、外側のfor文の1周目は終了しました。次にnに2を入れ、2周目に入ります。内側のfor文のmはリセットされ、また1からスタートです。mは「要素数−n」までなので、「1」から「4−2＝2」まで変化します。つまり、mは1, 2と変化します。
　mに1を入れると、if文は「integerArray[1] ＞ integerArray[2]」となります。現在の数字では、integerArray[1]が2、integerArray[2]が1（2＞1）であり、if文の処理が実行され、integerArray[1]とintegerArray[2]の数字を入れ替え、2と1を交換します。

⑤ nが2のまま、mに2を入れると、「integerArray[2] ＞ integerArray[3]」となります。現在の数字では、integerArray[2]が2、integerArray[3]が3（2＜3）であり、条件式にあてはまらず、if文の処理は実行されません。

⑥ mが2に到達したので、外側のfor文の2周目も終了しました。最後にnに3を入れ、3周目に入ります。内側のfor文のmは、また1に戻ります。mは「要素数−n」

までなので、「1」から「4−3＝1」まで変化します。つまりmは1だけです。

mに1を入れると、if文は「integerArray[1] > integerArray[2]」となります。現在の数字では、integerArray[1]が1、integerArray[2]が2 (1<2) であり、条件式にあてはまらず、if文の処理は実行されません。

以上で、for文の処理は終了です。最後はintegerArrayの中身の{1, 2, 3, 4} (ア) を出力します。

このように、for文のなかにfor文が入ると、繰返し回数が大きく増えます。たとえば、3回ループするfor文のなかに、4回ループするfor文があれば、3×4＝12回の処理が実行されます。なぜなら、外側の1周目で内側が4回ループし、外側の2周目でまた内側が4回ループ、……となるからです。

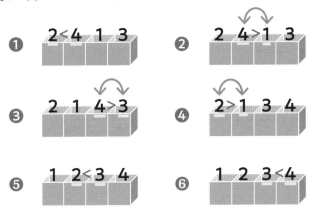

この問題のプログラムは、配列内の数字を小さい順に並べ替える「ソート」という処理を行うものです。なかでも、この問題の方法は「バブルソート」と呼ばれます。この方法では、(a)一番左のペアを見て、左のほうが小さくなるように入れ替える、(b)終了したら、隣のペアに移動し、左のほうが小さくなるように入れ替える、……ということを端まで繰り返します。これを何周か実行することで、左が小さく、右が大きい数字になるように並べ替えることができます。

正解 ▶▶ ア

関連ページ ▶ P.66, 74, 82

問題 04 チェックデジット

(令和4年度ITパスポート試験 公開問題 問78より)

問題

関数checkDigitは, 10進9桁の整数の各桁の数字が上位の桁から順に格納された整数型の配列originalDigitを引数として, 次の手順で計算したチェックデジットを戻り値とする。プログラム中のaに入れる字句として, 適切なものはどれか。ここで, 配列の要素番号は1から始まる。

〔手順〕

(1) 配列originalDigitの要素番号1～9の要素の値を合計する。

(2) 合計した値が9より大きい場合は, 合計した値を10進の整数で表現したときの各桁の数字を合計する。この操作を, 合計した値が9以下になるまで繰り返す。

(3) (2)で得られた値をチェックデジットとする。

〔プログラム〕

```
○整数型: checkDigit (整数型の配列: originalDigit)
  整数型: i, j, k
  j ← 0
  for (iを1からoriginalDigitの要素数まで1ずつ増やす)
    j ← j + originalDigit[i]
  endfor
  while (jが9より大きい)
    k ← j ÷ 10の商 /*10進9桁の数の場合, jが2桁を超えることはない*/
    ┌─────┐
    │  a  │
    └─────┘
  endwhile
  return j
```

ア j ← j − 10 × k 　　　イ j ← k + (j − 10 × k)

ウ j ← k + (j − 10) × k 　エ j ← k + j

Hint >>> 問題文や手順をしっかり理解して着実に解こう

▶ 手順 (1) (2) (3) がプログラムのどこに対応するか考える

▶ originalDigitには、9桁の整数を自分で考えて入れる

▶ jには、配列originalDigitの要素を合計した値が入る

解説

　問題文が非常に長いですね。まずは問題文を正しく理解する国語力が必要です。少し念入りに問題文を解説していきます。

　引数の配列originalDigitには、10進9桁の数字が各要素に入ります。10進9桁とは、「10進数にしたときに9桁になる数字」ということです。987654321という数字なら、1番目に9、2番目に8、……のように、配列に数字が入っています。

　それに対して、3つの手順があります。

〔手順〕
　(1) 配列originalDigitの要素番号1~9の要素の値を合計する。
　(2) 合計した値が9より大きい場合は，合計した値を10進の整数で表現したときの各桁の数字を合計する。この操作を，合計した値が9以下になるまで繰り返す。
　(3) (2)で得られた値をチェックデジットとする。

(1) まず、配列originalDigitの要素をすべて足します。
　　987654321なら、「9＋8＋7＋……＋1＝45」となります。
(2) 45は9より大きい（つまり2桁以上）ので、「合計した値を10進の整数で表現したときの各桁の数字を合計」を行います。合計した値の45は、すでに10進数の表記になっているので、この各桁（十の位と一の位）を足し、「4＋5＝9」と計算します。もし、足した結果が2桁以上であれば、再び各桁を足していきます。ここでは1桁の10進数の9になったので、これで終了です。
(3) (2)で求めた9がチェックデジットになります。

　これで、具体的な動作が何となくわかってきたかと思いますので、プログラムで見てみましょう。

〔プログラム〕
　○整数型: checkDigit (整数型の配列: originalDigit)
　　整数型: i, j, k

```
j ← 0
for (iを1からoriginalDigitの要素数まで1ずつ増やす)
    j ← j + originalDigit[i]
endfor
```

　for文の終わりまで抜き出してみました。勘のいい方なら気づいたかもしれませんが、ここまでで手順 (1) の作業を行っています。つまり、987654321の各桁の数字を足し算するというプログラムです。for文をトレースして確認してみましょう。iは1から9まで1, 2, 3, ……, 9と変化します。

i	originalDigit[i]	j（代入前）	j（代入後）
1	9	0	9
2	8	9	17
3	7	17	24
⋮	⋮	⋮	⋮
9	1	44	45

　最初、変数jには0が入っていましたが、そこにoriginalDigitの各要素を順番に足していきます。最終的には、「9 + 8 + 7 + …… + 1 = 45」になります。

　プログラムの続きを見ていきましょう。
〔プログラム〕
```
while (jが9より大きい)
    k ← j÷10の商 /*10進9桁の数の場合, jが2桁を超えることはない*/
    ┌─────────┐
    │    a    │
    └─────────┘
endwhile
return j
```

❶「jが2桁を超えることはない」ってどういうこと？

❷ originalDigitは最大で999999999だから、すべての桁を合計してもjは最大で81。2桁にしかならないんだよ（詳細はのちほど）

　続きをトレースしてみましょう。先ほどの続きでjが45なので、while文の条件式にあてはまり、while文の処理が実行されます。トレース後、jが9になったらそれが答えです。

①アの場合 (j ← j − 10 × k)

k	j（代入前）	j（代入後）
4	45	5

　「k ← j÷10の商」より、「45÷10 = 4...5」なので、kには4が入ります。jを計算すると「45 − 10 × 4 = 5」となり、9より小さくなります。したがって、while文の2周目では「jが9より大きい」の条件式にあてはまらず、while文の処理は実行されません。

②イの場合 (j ← k＋(j－10×k))

k	j（代入前）	j（代入後）
4	45	9

jを計算すると「4＋(45－10×4)＝9」となり、計算結果は9となります。

③ウの場合 (j ← k＋(j－10)×k)

k	j（代入前）	j（代入後）
4	45	144
14	144	1890

jを計算すると「4＋(45－10)×4＝144」となり、9より大きくなります。したがって、while文の2周目も条件式にあてはまり、while文の繰返し処理が実行されます。
「k ← j÷10の商」より、「144÷10＝14...4」なので、kには14が入ります。jを計算すると「14＋(144－10)×14＝1890」となり、9より大きくなります。このあとも繰返し処理が続きますが、値が増え続けるので不正解です。

④エの場合 (j ← k＋j)

k	j（代入前）	j（代入後）
4	45	49
4	49	53

jを計算すると「4＋45＝49」となり、9より大きくなります。したがって、while文の2周目も条件式にあてはまり、while文の繰返し処理が実行されます。
「k ← j÷10の商」より、「49÷10＝4...9」なので、kには4が入ります。jを計算すると「4＋49＝53」となり、9より大きくなります。このあとも繰返し処理が続きますが、値が増え続けるので不正解です。

以上より、jが9になった**イ**が正解です。
参考程度に、トレースをしない方法も紹介します。実は、(1) 終了時点でjは1桁か2桁しかあり得ません。というのは、originalDigitは最大でも999999999なので、各桁を足しても81となり、jは必ず81以下です。つまり、while文で行うのは「jの十の位と一の位を足す」ことだけです。
jが2桁のとき、「k ← j÷10の商」より、kにはjの十の位が入ります。また、一の位は「j－10×k」で求められます。あとはこれを足し算すればよいので、「k＋(j－10×k)」となっている**イ**が正解とわかるのです。

正解 ▶▶ イ

INDEX
さくいん

▶ 著者

ミューズの情報教室

YouTube チャンネル「ミューズの情報教室」にて
IT・情報系のテーマについて、人工音声を使用した、
いわゆる「ゆっくり解説」のスタイルなどで 100
本以上の動画を投稿。特に論理回路などの情報基
礎理論に関する解説動画が人気。
2022 年 応用情報技術者取得。
2023 年 8 月 チャンネル登録者数 3,000 人突破。
チャンネルURL: https://www.youtube.com/@it_muse

▶ スタッフ

編集	秋山 智（株式会社エディポック） 畑中 二四
カバーデザイン	SUNITED 株式会社 クリエイティブ 事業部 ELENA Lab.
本文デザイン	mogmog Inc.
本文 DTP	株式会社エディポック
本文イラスト	かりた
編集長	玉巻 秀雄

■商品に関する問い合わせ先

このたびは弊社商品をご購入いただきありがとうございます。本書の内容などに関するお問い合わせは、下記のURLまたは二次元バーコードにある問い合わせフォームからお送りください。

https://book.impress.co.jp/info/

上記フォームがご利用いただけない場合のメールでの問い合わせ先
info@impress.co.jp

※お問い合わせの際は、書名、ISBN、お名前、お電話番号、メールアドレス に加えて、「該当するページ」と「具体的なご質問内容」「お使いの動作環境」を必ずご明記ください。なお、本書の範囲を超えるご質問にはお答えできないのでご了承ください。

●電話やFAX でのご質問には対応しておりません。また、封書でのお問い合わせは回答までに日数をいただく場合があります。あらかじめご了承ください。
●インプレスブックスの本書情報ページ https://book.impress.co.jp/books/1122101179 では、本書のサポート情報や正誤表・訂正情報などを提供しています。あわせてご確認ください。
●本書の奥付に記載されている初版発行日から3年が経過した場合、もしくは本書で紹介している製品やサービスについて提供会社によるサポートが終了した場合はご質問にお答えできない場合があります。

■落丁・乱丁本などの問い合わせ先
FAX　03-6837-5023
電子メール　service@impress.co.jp
※古書店で購入された商品はお取り替えできません

ITパスポートを受験する人のための よくわかる擬似言語入門

2023年9月21日　初版発行

著　者　ミューズの情報教室
発行人　高橋 隆志
発行所　株式会社インプレス
　　　　〒101-0051 東京都千代田区神田神保町一丁目 105 番地
　　　　ホームページ　https://book.impress.co.jp/

印刷所　日経印刷株式会社

ISBN978-4-295-01781-3　C3055

Printed in Japan